· 超级思维训练营系列丛书 ·

揭开因果连环计

谢冰欣 ◎ 编 著

揭开世事因果真相 ────☆──── 解读拍案叫绝连环计

中国出版集团　现代出版社

图书在版编目（CIP）数据

揭开因果连环计 / 谢冰欣编著. —北京 : 现代出版社，
2012.12（2021.8 重印）

（超级思维训练营）

ISBN 978 - 7 - 5143 - 0977 - 5

Ⅰ. ①揭… Ⅱ. ①谢… Ⅲ. ①思维训练 - 青年读物②思维
训练 - 少年读物 Ⅳ. ①B80 - 49

中国版本图书馆 CIP 数据核字（2012）第 275719 号

作　　者	谢冰欣
责任编辑	张　晶
出版发行	现代出版社
通讯地址	北京市安定门外安华里 504 号
邮政编码	100011
电　　话	010 - 64267325　64245264（传真）
网　　址	www. xdcbs. com
电子邮箱	xiandai@ cnpitc. com. cn
印　　刷	北京兴星伟业印刷有限公司
开　　本	700mm×1000mm　1/16
印　　张	10
版　　次	2012 年 12 月第 1 版　2021 年 8 月第 3 次印刷
书　　号	ISBN 978 - 7 - 5143 - 0977 - 5
定　　价	29. 80 元

前　言

　　每个孩子的心中都有一座快乐的城堡，每座城堡都需要借助思维来筑造。一套包含多项思维内容的经典图书，无疑是送给孩子最特别的礼物。武装好自己的头脑，穿过一个个巧设的智力暗礁，跨越一个个障碍，在这场思维竞技中，胜利属于思维敏捷的人。

　　思维具有非凡的魔力，只要你学会运用它，你也可以像爱因斯坦一样聪明和有创造力。美国宇航局大门的铭石上写着一句话："只要你敢想，就能实现。"世界上绝大多数人都拥有一定的创新天赋，但许多人盲从于习惯，盲从于权威，不愿与众不同，不敢标新立异。从本质上来说，思维不是在获得知识和技能之上再单独培养的一种东西，而是与学生学习知识和技能的过程紧密联系并逐步提高的一种能力。古人曾经说过："授人以鱼，不如授人以渔。"如果每位教师在每一节课上都能把思维训练作为一个过程性的目标去追求，那么，当学生毕业若干年后，他们也许会忘掉曾经学过的某个概念或某个具体问题的解决方法，但是作为过程的思维教学却能使他们牢牢记住如何去思考问题，如何去解决问题。而且更重要的是，学生在解决问题能力上所获得的发展，能帮助他们通过调查，探索而重构出曾经学过的方法，甚至想出新的方法。

　　本丛书介绍的创造性思维与推理故事，以多种形式充分调动读者的思维活性，达到触类旁通、快乐学习的目的。本丛书的阅读对象是广大的中小学教师，兼顾家长和学生。为此，本书在篇章结构的安排上力求体现出科学性和系统性，同时采用一些引人入胜的标题，使读者一看到这样的题目就产生去读、去了解其中思维细节的欲望。在思维故事的讲述时，本丛书也尽量使用浅显、生动的语言，让读者体会到它的重要性、可操作性和实用性；以通俗的语言，生动的故事，为我们深度解读思维训练的细节。最后，衷心希望本丛书能让孩子们在知识的世界里快乐地翱翔，帮助他们健康快乐地成长！

目　录

第一章　猜谜的智慧

揭开因果连环计

第二章　脑筋转起来

第三章　思路的变通

揭开因果连环计

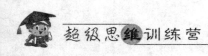

第四章　做个小侦探

揭开因果连环计

第一章　猜谜的智慧

借钱的穷书生

有一个书生，平时只知道看书，准备考取功名。老婆只做点手工活，赚点钱，补贴家用。一家人过得很清苦。

又要过年了。书生想大年初一去给岳父拜年，也是为了感谢他把女儿嫁给自己，而且过得很清苦。等到自己考取了功名，再好好报答岳父。但是，他现在没有钱去买些像样的礼物。于是想到去向隔壁的王大哥家借些，毕竟他还教他家的孩子认过字。书生想定后，就去了王大哥家。王大哥家正在做饭，屋里的香味儿差点让书生的口水流了出来。王大哥看到书生来了，很客气地让座，还要留他吃饭。书生表明来意。王大哥听后，眉头一皱，然后又笑了笑，对书生说："钱倒是有些，只是我家正月没有初一啊。"书生一听，纳闷起来：他怎么说正月没有初一呢？难道是他不愿借我吗？他刚准备转身告辞，猛一想，又高兴起来。最终，顺利地从王大哥家借到钱回家了。

独立思考

你知道书生是怎么借到的吗？

参考答案

其实，王大哥是给书生出了道谜。他说的"正月没有初一"，正好是个字谜，把"正"和"月"合在一起，再去掉"一"，就是一个"肯"字。所以，书生自然很容易借到钱喽。

卖画的道士

传说明朝有一个道士，知识渊博，喜欢画画，云游四方，尤其喜欢出谜。

这天，他来到江南的一个城市，听说这里的文人很多，就想见识见识。他来到一个集市上，集市好不热闹。他找了个地方，解开行囊，取出纸笔，很快就画了一幅画。慢慢地开始有人围上来看。画的是一条黑色的狗，正在追逐一只蝴蝶。画得很传神，感觉那蝶正在飞，尤其是狗更是栩栩如生。路人看了，都赞不绝口；看画的人越来越多。

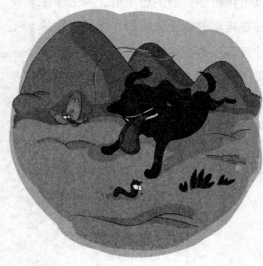

有人问道士："你这画卖吗？"

道士笑了笑，说："卖，也不卖。"

众人一听，都糊涂了：怎么卖又不卖呢？

道士说："我这是幅画，也是一个谜。不识此谜者，重金买不走；识此谜者，分文不用花。"

于是大家又纷纷研究起这幅画来。突然，一个小孩儿把画卷起来，什么话也不说，拨开众人，走了。众人很好奇。

道士大喊："小孩儿，我的画。你干吗抢我的画？"

小孩儿头也不回，继续往前走。

道士终于大笑道："你们这里果然人才多，连小孩儿都能猜中我的谜。"

旁人更加不解了。道士却收拾好东西，扬长而去了。

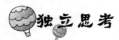**独立思考**

你猜出道士的谜了吗？

**参考答案**

重点是那只黑狗，狗又叫"犬"，"黑"加"犬"是个"默"字。小孩儿自始至终默不作声，所以道士说他猜中了。

用谜来答谜

一天晚上，三姐妹在院子里乘凉。大姐说："我出一个谜语，看你俩谁能猜着？一朵花儿怪，花枝绕干排，晴天栽家里，雨天开门外。"二姐很快想出来了，但她没有直接说出来，却对大姐说："我可以用我的谜回答你的谜。独木造高楼，没瓦没砖头，人在水中走，水在人上流。"这时，三妹一笑道："你们以为我猜不出来啊。告诉你，我也有一谜，可以回答你们的谜。听好吧：在外肥胖胖，在家瘦长长，忙时泪汪汪，闲时靠着墙。"说完，三姐妹都笑了起来。

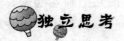 独立思考

你知道他们的谜底是什么吗?

 参考答案

雨伞。

一封神秘的家书

　　一个在外谋生的人托老乡给自己的老婆捎一包银子。走到半路的时候,老乡打开那包银子,闪闪的银子让他产生了非分之想。包裹里还有一封信,心想那信里会不会提到银子的数量?于是又小心地将信拆开。让他惊喜的是信里居然没有一个字,只有简单的一幅画,画上画着八只八哥和四只斑鸠。他想:既然同乡只字没提银子的事,那我就拿一些,反正同乡的老婆也不会知道的。于是,他就贪心地拿了一些银子装到了自己的包袱里。

　　回到村里后,他把那包银子给了同乡老婆后就回家了。可不一会儿,同乡的老婆就找上门来,对他理直气壮地说:"做人要诚实啊。我丈夫明明托你带回来 100 两银子给我孩子看病,现在却只有 70 两,还有 30 两银子呢?"

　　那人不由自主地脸红起来。只得把那 30 两银子还给人家了。但是他始终想不明白:为什么同乡的老婆就知道总共是 100 两银子呢?

独立思考

你知道这其中的奥秘吗？

参考答案

奥秘就在那幅画上，8 只八哥意为"八八六十四"，4 只斑鸠意为"四九三十六"，所以总共是 100 两银子。

这个姓真有趣

一人正赶着两匹马拉的大车在路上行驶。突然前面有个渔翁拦住了他的马车，说想搭个便车。赶车的问："你姓什么啊?"渔翁从他的鱼篓子里拿出一条鱼，对着夕阳高高举起，说："我就姓这个!"并把那条鱼给了车夫。车夫会意地笑了笑，同意他上车了。过了一会儿，又一人拦住了马车。这回是一个打猎的，他也想搭个便车。车夫问："你姓什么啊?"打猎的把他的弓拉满说："我姓这个!"同时取出一个兔子给了车夫。车夫高兴地也请他上了车。车夫扬起鞭子，驾着车飞奔起来。突然，渔翁问车夫："您贵姓啊?"车夫一笑，用鞭子指着前面两匹马说："看，那就是!"

独立思考

你知道他们三人各自姓什么吗？

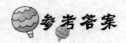

超级思维训练营

参考答案

渔翁姓鲁，打猎的姓张，车夫姓冯。

点菜的县官

古时候，有一家酒店，叫"点就有"，意思是只要客人想吃什么菜，都可以做。酒店经过多年苦心经营，已经远近闻名。

这一天，新来了一个县官。他早就听说过这个酒店，便慕名而来。店里的客人还真不少。县官找了一个空位子坐下。店小二很快跑过来问吃什么。

县官说："我听说你们酒店什么都可以做，没有做不出的，只有点不出的。"

"那当然。"小二毫不谦虚地说，"客官，您想吃点啥？"

"我今天就想点四道下酒菜，再来一壶好酒。赶紧给我端上来。"

"我当是什么龙肉、凤爪呢，原来就是下酒菜啊。您说吧。"

"你记好了：皮外皮、皮内皮、皮里皮外皮、皮打皮。赶紧去做吧。"

店小二一听，傻眼了。他还从来没听过这几道菜，于是赶紧跑去告诉老板。老板也不知道什么菜，于是去见客官。他认出是新来的县官，一面恭维，一面派人赶紧去问告老还乡的老厨师，害怕这新县官砸了自己的牌子。好在老厨师一听就明白了。最后，县官终于吃到了他点的菜，还赞不绝口。

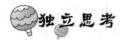

独立思考

你知道这县官点的这四道菜分别是什么？

参考答案

猪耳朵、猪肚子、猪舌头、猪尾巴。

一家三口人

小米一家三口都爱猜谜。这天吃过晚饭，小米的爸爸出了一道字谜："写起来只有两个人，看起来挂着千盏灯，行起来道路无穷远，想起来实在大无边。"小军想了想，说："这么简单，我知道了。我也有一谜，你们猜猜：有眼没有眉，有翅不能飞，无腿行千里。"妈妈说："我昨天还做给你们吃了。再听我一谜：脑袋尖，身子长，眼睛长在屁股上；滑溜溜，亮闪闪，进出全为人争光。"爸爸对妈妈说："你常用。我倒是挺害怕的。"小米竟也想了好半天。

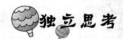

独立思考

你都猜出来了吗？

参考答案

天、鱼、缝衣针。

揭开因果连环计

— 7 —

面试的书生

　　古时候，有个书生想找个活做。问了很多家店，都说不要他。即使要，要的也是搬运工，书生根本做不了。最后，书生看到一个药店正要个算账的，于是走进去碰碰运气。老板仔细打量、盘问书生后，写了一个字条递给书生。书生一看，只见上面写着：三山倒挂，二月相连，上有可耕之地，下有流水之川。

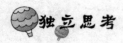 独立思考

　　你知道老板是什么意思吗？

这是个字谜，谜底是"用"，意思是老板收下书生了。

唐伯虎的谜底

唐伯虎在一次游玩中，遇到了秋香。秋香无意间对唐伯虎一笑，唐伯虎却从心中产生浓浓爱意。他已无心游玩，一直尾随秋香，直至追到其府第。从此以后，唐伯虎常常去偷看秋香。秋香也有所感知。她见唐伯虎一表人才，也心生爱意。她知道唐伯虎能诗会画，所以想考考他。于是就派她的一个丫环给唐伯虎送去一张字条。

丫环把字条交给唐伯虎，说："我家小姐说，如果你能猜出她的谜，她就愿和你继续交往。如果你猜不出，就不要再来骚扰她了。"

唐伯虎打开纸条一看，上写着："画时圆，写时方，冬时短，夏时长。"唐伯虎哈哈一乐，对丫环说道："我也有一谜，你记好了告诉你家小姐：东海有条鱼，无头也无尾，去掉脊梁骨，便是你的谜。"说完，唐伯虎高兴地回家了。

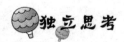独立思考

他们的谜都是什么呢？

参考答案

"日"字。

揭开因果连环计

孔子和农夫

　　孔子去赵国讲学，走累了，看到一棵树下有口井，于是走过去休息。看到井中的水，他突然渴起来，但又没有取水的工具。这时，走过来一个农夫，挑着两只水桶，像是来取水。农夫走到井边，果然将一只水桶用绳子拴上扔到井中取水。孔子等农夫取完水，对他说："你好，我是去赵国讲学的孔丘，走累了在此休息，顿觉口渴。看到你在此井中取水，不知能否让我取点喝?"这个农夫不认识孔子，一听说他去讲学，想他一定很有学问，于是就说："当然可以。不过我有一字想问问先生。"孔子说："请讲。"这时，农夫取下扁担把它放在井口上，自己站在井旁，然后问："先生，您猜出来了吗?"孔子莫名其妙："你说哪个字呀?"农夫一笑说："就是我刚才做的动作啊。""哦。"孔子看着井口上的扁担，毫不犹豫地说，"那不是'中'字吗。"农夫又一笑，道："先生怎么只见物不见人呢?"孔子心中一惊，觉得自己确实大意了。

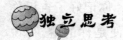 **独立思考**

　　农夫说的到底是什么字呢?

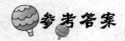 **参考答案**

　　仲。

三首诗谜

有一个清官，一日路过一位同窗好友的家门。分别时，清官赠好友一首诗：两个伙计，同眠同起，亲朋聚会，谁见谁喜。

在一次判案中，他发现有一个疑犯是他的儿时伙伴。伙伴知道是他断案，便请他吃饭，还以厚礼相送，恳请这个清官的宽恕。席间，清官送给这个儿时的伙伴一首诗：两个伙计，为人正直，贪馋一生，利不归己。伙伴听后，知道自己错了，便向清官投案自首了。

快过年了。那天，有一个要饭的要到了清官的府上，清官叫家人送些吃的给他。他听到要饭的声音感觉很耳熟，出来一看，竟然发现要饭的曾是他的一个朋友。于是下令赶紧准备饭菜，请他进府。朋友告诉了清官他的不幸经历。清官感慨，又作了一首诗：两个伙计，终身孤凄，走遍天涯，无儿无妻。

清官作的三首诗，其实也都是一个谜，而且谜底是一样的。

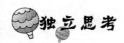

独立思考

你知道是什么吗？

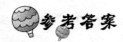

参考答案

筷子。

揭开因果连环计

指路的道士

有个书生进京赶考。一路走，一路问，遇到客栈就得休息。眼看就要到京城了，天快黑了，一路上也没看到人家，来到一个岔路口，不知该往哪边走了。等了好大一会儿，听到前面有脚步声。等他走近，书生借着月光看到原来是一个道士。书生连忙拱手问好，并向道士打听去京城该走哪条道。

道士没有说话，捡了一块石头在地上写了个"朝"字，然后又把字的一半擦去，就留下个"月"字。之后，道士就走了。

书生看着地下的字，又抬头看看天上的月亮，摸摸自己的脑袋，猛然明白了。

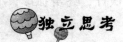独立思考

你知道道士的意思吗？

参考答案

道士的意思是让书生往左走。

天下第一菜的由来

有三个生意人，经常在同一家客栈住宿。久而久之，他们彼此都熟悉了。

这天，他们又在那家客栈相遇了。晚饭的时候，他们在一张桌子上

坐下。其中的一个四川商人问："你们觉得这家的饭菜如何？"晋商说："不错。"徽商说："比不了我们的徽菜。"四川商人问徽商道："是吗？那你觉得天下最好吃的菜是什么？"徽商笑答："当然是天下第一菜喽。""天下第一菜！那是什么菜呢？"四川商人和晋商好奇地问。"相信你们都吃过。不过我说的可是个谜。你们自己慢慢想吧。我要回房休息了。"徽商笑着回房去了。四川商人和晋商想了很久，也没想出来。客栈都要关门了。老板问他们怎么还不休息。晋商问老板知不知道天下第一菜。老板哈哈一乐，说："我这店里就有啊。"说着，去厨房拿了一个来。四川商人和晋商一看，恍然大悟。

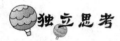

独立思考

你猜得到徽商说的是什么菜吗？

参考答案

"天"的一横下面是个"大"字，"第一"也就是"头"的意思，所以就是大头菜。

指路的哑巴

有个书童去帮主人送一封请柬。走到一个"丁"字路口，不知道该往哪边走了。恰好路边上的一块大石头上坐着一个人。书童走上前，很礼貌地和那人打招呼问路。那个人"啊啊"地答着，就是不说话，还用手指着自己的脖子。书童明白了：原来这是个哑巴。书童想：你是个哑巴，可又不是聋子，为什么不给我指路呢？书童又问了哑巴一次。

只见哑巴转到大石的后面，然后露出个头只是冲着书童笑。书童想了一会儿，也冲哑巴一笑，谢过哑巴继续赶路了。

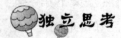 独立思考

你能猜到哑巴的意思吗？

 参考答案

哑巴在石头后露头，意为"右"，是让书童往右走。

小木匠的智慧

鲁班是我国传说中的木匠祖师爷。一次，有个寺庙的方丈找到他，说要在西山上重新建一座寺庙，请鲁班去西山看看在哪里建比较好，山上的树木能用多少，还需不需要更多的木材。于是，鲁班就带了一个徒弟去西山查看。他们走累了，坐下来歇歇，看到四周都是高大的树，尤其一棵柏树旁还有一块巨大的怪石。徒弟说："师父，就在这建庙吧。正好111座庙。您觉得呢？"鲁班大吃一惊，问道："怎么建得了那么多庙呢？只要建一座就可以了。"小徒弟呵呵一笑，用手指了指柏树和巨石。"哦，原来如此啊。"鲁班也笑了。

**独立思考**

你知道小徒弟说的是什么意思吗？

**参考答案**

其实徒弟说的是"一柏一石一座庙"。

对联的改法

元朝时有个县尹，不但不为百姓办事，还经常仗势欺人，称霸一方。一年，他的儿子考取了进士。这年春节的时候，他给自家写了副对联，上联是：父进士子进士父子皆进士，下联是：婆夫人媳夫人婆媳均夫人。一个书生看见了以后，在夜里给对联上相同的字各加了几笔。第

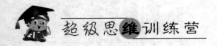

二天，县尹看到被改的对联，立刻气晕过去。

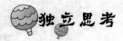

你知道那个书生是怎么改的吗？

父进土子进土父子皆进土，婆失夫媳失夫婆媳皆失夫。

找寻摇钱树

有个人，从小被娇生惯养，养成好吃懒做的坏毛病。长大后仍整天吃喝玩乐，东游西逛，一事无成。直到父母都去世了，还不思悔改，靠着父母留下来的遗产过日子。所以他过得越来越穷。等到把钱财都消耗完了，他也没想过自己去挣钱，就去朋友家混吃混喝。

有一天，他听朋友说有一种摇钱树，只要找到这种树，用手一摇，钱就可以不断地往下掉。于是，他下定决心一定要找到摇钱树。第二天一早，他背上行囊就出发了。见人就问摇钱树在哪儿。很多人都当他是神经病。有人告诉他，这世界上根本就没有什么摇钱树，劝他别找了。可是他就是不信，还是要找。一连走了 80 天，也没有问出来。他已经累得筋疲力尽了，终于倒在了路边。第二天，当他醒来的时候，他发现自己躺在床上，旁边还有一个白发苍苍的老头。

"我这是在哪儿啊？"他自言自语道。

"这是在我的家！"老人说道，"你怎么累成了这个样子啊，小伙子？"

"我要找一棵摇钱树。"

"摇钱树？原来你是在找摇钱树！哈哈……"老人用手捋着胡须笑道。

"难道你知道在哪儿？"他突然兴奋起来。

"我当然知道了。"

"那你快告诉我它长得什么样啊。我都问了 80 天了，没有一个人知道。"

"好吧。摇钱树，两枝杈，每枝杈上五个芽，摇一摇，开金花，柴米油盐全靠它。"老人家说完，就不见了。

他仿佛做梦一般，不停地念着老人说的摇钱树的样子。最后终于恍然大悟，弃恶从善，过上快乐的生活。

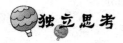独立思考

你知道老人说的摇钱树是什么吗？

参考答案

自己的双手。

孔子的回答

孔子是我国古代著名的思想家、教育家，知识渊博。他广教学生，周游各国。

一日，他路过一座高大的宅院，正想进去讨杯水喝。一个扫地的童子跑了出来叫道："先生，先生，我知道你是谁。你叫孔丘，你知识渊

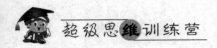

博，还教了好多学生。"

"呵呵，真没想到，你也认识我呀。"孔子笑道。

"我家主人常常念叨你。不想你今日来了，正好我有一个问题想向你请教。"

"不必客气。如果我知道一定告诉你。"

"昨日，主人给我出了一道题，可是我想了一夜也没有想出来。先生，你可一定帮帮我啊。"

"你家主人问你什么题啊？"

"我家主人问我：什么水没有鱼？什么火没有烟？什么树没有叶？什么花没有枝？"

孔子想了想，告诉了他答案。童子丢下扫把，去告诉主人答案。主人知道孔子来了，急忙出来迎接。后来，他们还成了好朋友。

独立思考

你知道那是哪4种物体吗？

参考答案

井水（没有鱼），萤火（没有烟），枯树（没有叶），雪花（没有枝）。

上任的小县令

从前有个举人，被推举去做某县的县令。这个人野心很大，一心想当个大官。一来上任，就想知道本县有哪些达官贵人，好日后巴结升官。

　　大年初一这一天，他去各家门前转了转。突然，一家门上的对联引起了他的注意。上联是：数一道二门户，下联是：惊天动地人家，横批为：先斩后奏。县令心想：此户人家中一定有人在朝廷当大官，而且跟皇上的关系一定很好，都可以"先斩后奏"。第二日，县令备了一份厚礼，登门拜访。他问主人道："你家何人在皇帝身边做大官？"主人却说："我家只有3个儿子，都在本县做点生意，并不曾有人在朝廷为官。"

　　"那你家的门上的对联怎么写着……"

　　"哦，那是说我家3个儿子所做的生意啊。"主人道。随后他将儿子的生意向县令解释了一番。

　　县令听罢，恍然大悟。提着礼物，败兴而归。

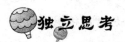独立思考

你能猜出主人的3个儿子各做的什么生意吗？

参考答案

　　老大是卖烧饼的，烧饼论个儿卖，所以"数一道二"；老二是做爆竹的，放起炮来"惊天动地"；老三是个杀猪的，先杀死后吹气，所以叫"先斩后奏"。

断遗书的状元

　　古时候有个老翁，他有一个女儿，虽已嫁人，可女婿是个上门女

婿。而且他的女婿好吃懒做，不务正业，还总惦记着他的财产。为了不
让女婿的阴谋得逞，老翁在 60 岁时还喜得一子。然而，好事不长，儿子 6 岁的时候，老翁得了一场大病。他知道自己快不行了，又担心女婿在他死后与儿子抢财产，就写了两份一样的遗书分别交给了年幼的儿子和女婿。不久，老翁就死了。女婿在家更是无法无天，还经常打骂妻子和岳母。

小儿子终于长大了，还考上了状元，很快也娶妻了。这个时候，小儿子终于提出要和姐夫、姐姐分家了。姐夫哈哈一乐，道："不要以为你是个状元我就怕你了。你凭什么让我出去？爹在遗书里不是已经说了吗，'家产田园尽付与女婿，外人不得争执'。"

其实当时老翁留下的遗书上没有标点，只写的是：六十老儿生一子人言非是我子也家产田园尽付与女婿外人不得争执。

小儿子微微一笑，从他的屋中拿出他的那份遗书，递给姐夫说："望姐夫还是照此办理吧。否则我可将你告到官府了。"

他的姐夫接过来一看，立刻傻了眼，最后只得搬走了。

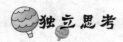

你知道状元怎么断的遗书吗？

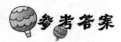

参考答案

六十老儿生一子，人言非，是我子也！家产田园尽付与，女婿外人，不得争执。

赶考的秀才

两个秀才去赶考。途中，两人相遇，结伴而行。

其中胖一些的秀才问另一个瘦一些的秀才说："兄台贵姓？"

瘦秀才说："夏商之时夜间光。那么你贵姓呢？"

胖秀才答道："翻来覆去都是头。敢问兄台大名啊？"

瘦秀才说："老牛过独木桥。你怎么称呼呢？"

胖秀才答道："大河断流了。"

两个秀才相视一笑，继续赶他们的路了。

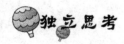

独立思考

你知道他们各叫什么姓名字吗？

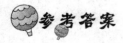

参考答案

瘦的叫胡生，胖的叫王可。

揭开因果连环计

第二章   脑筋转起来

用牙咬眼睛

一个胖子和一个瘦子打赌说："我可以用牙齿咬到自己的右眼。"瘦子不信。但胖子很容易就做到了。

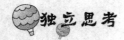独立思考

你知道他是怎么做的吗?

参考答案

胖子的牙是假牙,取下来夹住右眼。

跷跷板向哪个方向倾斜

暑假里,小军在一个平衡的跷跷板两头各放一个西瓜和冰块,西瓜和冰块的重量相等。

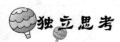**独立思考**

最后，跷跷板会向哪个方向倾斜？

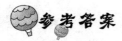**参考答案**

又恢复平衡了。因为冰化了，西瓜也滚了。

老师的提问

小国放学回家后，对隔壁的一个小伙伴吹嘘说："今天上课的时候，我们老师问了一个问题，全班只有我一个人答对了。"

**独立思考**

你猜老师问的是什么问题？

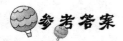**参考答案**

"小国，你怎么又迟到了？"

中国有多少厕所

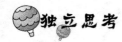**独立思考**

中国人这么多，一共得有多少厕所呢？

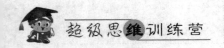

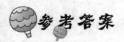参考答案

两个，一个男厕所，一个女厕所。

怎样来开酒瓶

小光家来了几个客人。爸爸让他把柜子里的葡萄酒拿出来打开。可是他费了半天劲也没把酒瓶的软木塞起开。爸爸拿过酒瓶，很快就倒出了酒。

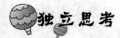独立思考

爸爸是怎么做的？

参考答案

把软木塞塞到了瓶子里。

好上却难下

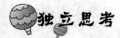独立思考

什么地方你能很轻松地爬上去，却很难爬下来？

床。

把糖果放入空罐子

有一个能装 3 斤糖果的空罐子，但每次只能放进一粒糖。

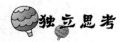独立思考

要装多少粒糖就不是空罐子了？

参考答案

一粒。

揭开因果连环计

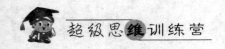
邮寄的信箱钥匙

丈夫出差去上海。晚上，他接到老婆从北京打来的电话，问他是不是把家里的信箱的钥匙也带去了。丈夫一找，还真是带来了。于是他用挂号信把钥匙寄了回去，并打电话告诉了老婆。老婆一听，骂他是个大笨蛋。

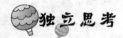

独立思考

为什么？

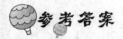

参考答案

因为钥匙被投到信箱里了，还是开不开信箱。

敲门的是谁

如果有一天，地球真的发生了大灾难，唯一存活下来的男人正趴在桌子上写遗书；突然，听到一阵敲门声……

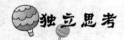

独立思考

会是谁呢？

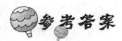参考答案

当然是女人喽。因为只是说"唯一存活下来的男人"，并没有说存活下多少女人。

跨不过去的棍子

小兵在教室的地上放了根棍子，可是所有的同学都跳不过去。

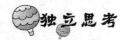独立思考

为什么？

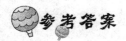参考答案

他把棍子放在了墙边。

过桥的卡车

有一辆装着集装箱的大卡车通过一座天桥时，却发现过不去。因为车上的集装箱比天桥要高出 2 厘米。司机一方面要赶时间，另一方面又不能把天桥撞坏了。正在司机着急的时候，旁边的一个路人给他出了一个主意，结果卡车很顺利地通过了。

揭开因果连环计

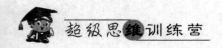

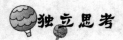

路人的主意是什么?

把卡车的轮子都放一点气。

醉 鬼

有个人喝醉了酒,走到了马路中间。这时,后面有车向他飞速开来。而他正好处于两束车灯的中间。结果,车子疾驰而去,他却一点没受伤。

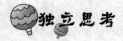

这是为什么?

后面来的是两辆摩托车。

两个人做的事

一个人无法做。一群人做没意思。两个人做刚刚好。

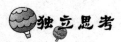独立思考

这是什么事?

参考答案

说悄悄话。

义务献血

有一个年轻人流了很多血,但他一点不痛苦,脸上还挂着微笑。

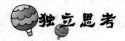独立思考

为什么?

参考答案

他是参加无偿献血。

变化数目的脚

小时 4 只脚,大时两只脚,老时 3 只脚。

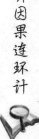
揭开因果连环计

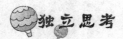 独立思考

这是什么?

 参考答案

人的三个阶段,婴儿、大人、老人。

把球洞扩大

有位篮球巨星到一个高尔夫球场学打高尔夫球。可他怎么打,球都打不进洞。一着急,叫来一个负责人,说:"这个球洞太小了。如果和篮球筐一样大多好啊。你赶紧给我挖几个大一点的球洞。"

这个负责人当然不可能给他单独挖几个大球洞,但是也不能对这个篮球明星太无礼。他说了一句话,让这个篮球明星很快就气消了。

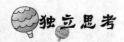 独立思考

你知道他是怎么说的吗?

 参考答案

"如果您想用篮球一般大的球洞,那就得用篮球一样大的球。请您明天把您的篮球拿过来打吧。"

镇定的推拿师

　　小刚的舅舅是个推拿师，并开有一家按摩店。因为他的推拿技术很好，所以来推拿的客人总是络绎不绝。

　　这天晚上，都快 10 点了，小刚的舅舅还在给一个客户做推拿。突然，停电了。客人有些惊慌，但小刚的舅舅一点也不惊慌，并继续给客人推拿，直到客户满意地走了。

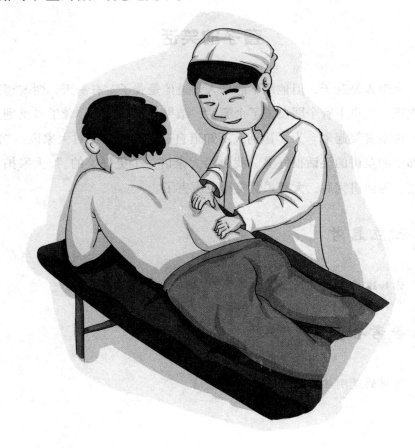

独立思考

你知道是怎么回事吗？

参考答案

小刚的舅舅是个盲人，所以停电对他没有一点影响。

聋子的笑话

有个人是聋子，但他最不愿别人知道他是聋子。有一天，朋友请聋子吃饭。饭桌上有个朋友说了个笑话，结果大家都笑了。聋子看见别人笑，也跟着笑起来。为了让别人不知道自己是聋子，他对大家说："刚才那个朋友讲的笑话很好笑。我再给大家讲一个更好笑的。"大家拍手欢迎。等他讲完后，大家果然笑得更厉害了。

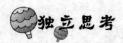独立思考

你知道聋子讲的什么笑话吗？

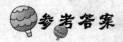参考答案

他讲的是刚才那个朋友讲过的笑话。

站在纸角上的两个人

　　教室里，小军对小勇说："我敢说，如果我们站在一张纸的两个角上，你不一定能打着我。"小勇不信。小军找到一张废纸，让小勇站在一角，自己站在另一角，结果小勇果然打不到小军。

**独立思考**

　　你知道小军是怎么做的吗？

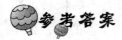**参考答案**

　　小军把纸片放在教室的门缝下，让小勇站在里面的一角，自己站在门外的一角上。

太空旅行

　　一个富翁进行了一次太空之旅。回来后对他的朋友说："我坐宇宙飞船绕地球 10 圈呢。"他的朋友说："这有什么值得惊喜的，我都绕太阳 40 多圈了。"

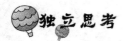**独立思考**

　　富翁的朋友乘坐的是什么交通工具呢？

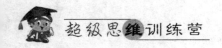

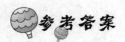 参考答案

他没有乘坐任何交通工具，就在地球上，因为地球每年绕太阳一圈。

躲避强盗

大草原上来了一伙强盗，经常打劫过往的行人和商队。听说此事的人，无不担心和害怕。

一天，一支商队从草原上经过。这伙强盗自然不会放过，不但洗劫了财物，而且还要杀人灭口。一个少年却在混乱中骑上一匹快马逃跑了。于是为首的强盗立刻派了两个强盗去追杀少年。很不幸的是，少年还没跑出草原，马竟然累死了。少年无奈地看着一望无际的草原，心想：不久，强盗就会追上来的，而我又没有藏身之地，肯定性命难保了。但聪明的少年很快又想出了一条妙计。

两个强盗赶到时，看见少年骑的马倒在地上，而且满地的血和马的肠子、内脏。一群秃鹫正在吃马的内脏和肉。强盗想：四周根本就没有藏身的地方，也许少年早就被狼或者秃鹫吃了。于是，就回去了。

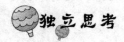 独立思考

你知道少年到底藏到什么地方了吗？

 参考答案

马的肚子里。

— 34 —

双胞胎兄弟

有对双胞胎兄弟，长得几乎一模一样，只是弟弟的脚心有颗黑痣，而哥哥没有。他们穿上同样的衣服，可仍有人一眼就知道谁是哥哥，谁是弟弟。

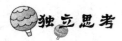

是谁呢？

他们自己。

刻字多少钱

街上有个刻字匠。他的店铺门口挂着一个价目表：刻名字，10 元；刻你爸妈，15 元；刻最爱的人，20 元。

这个刻字匠，刻一个字到底多少钱呢？

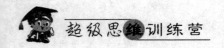

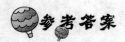参考答案

5元。刻"名字"这两个字要10元，刻"你爸妈"这3个字要15元，刻"最爱的人"4个字要20元，所以刻每个字要5元。

拦车的警察

一辆客运汽车在公路上正常行驶，没有超载也没有违反任何交通规则，却被一个警察拦住了。

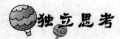独立思考

为什么？

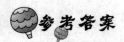参考答案

警察要坐车。

三个鬼叫什么

3个口叫"品"，3个人叫"众"，3个日叫"晶"。

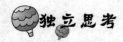独立思考

3个鬼叫什么？

叫"救命"。

口袋里还有什么

早上小英去学校的时候往口袋里装了 10 枚硬币。这一天,她没有花钱。晚上到家时口袋里的硬币全没了。

揭开因果连环计

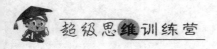

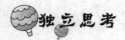独立思考

口袋里还有什么？

参考答案

还有一个洞。

钱哪里不一样

小明的妈妈刚从银行取出一沓崭新的新版 100 元人民币，小明却发现钱都不一样。

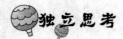独立思考

为什么？

参考答案

钱的编号不一样。

蓝笔写红字

贝贝和晶晶打赌，说他可以用蓝水笔写出红字来。晶晶不信，给了贝贝一支蓝水笔。结果贝贝真的写出红字来了。

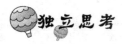独立思考

你猜贝贝怎么写的?

参考答案

贝贝只写了一个字"红"。

借的是什么

古时候,有个穷书生,向邻居借了一样东西,邻居却不要他还。

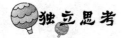独立思考

他借的是什么?

参考答案

借光。

新兵投手榴弹

一群新兵在训练。今天练习投掷手榴弹。教官告诉新兵:"把拉环拉开,口中数三秒再投出去。"结果还是有个新兵被炸死了。

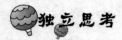

为什么？

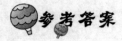

那个新兵当时紧张得成了结巴。

明版的《康熙字典》

小强想借本《康熙字典》，到国家图书馆找，可找了半天也没看到明版的《康熙字典》。

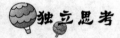

为什么？

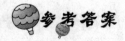

因为《康熙字典》是清朝张玉书等奉诏编的，并在康熙五十五年（1716）印行。

学生写作文

老师给同学们布置了一道作文题"假如我是一个董事长"。同学们都在用心写，小军却一点也不着急写。

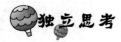

为什么？

小军的爸爸是董事长，写什么都由秘书代笔。因此，他在等秘书替他写。

装满糖的罐子

小辉有一罐糖，可是他写了个大大的"盐"字贴在罐子上。

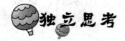

为什么？

他想骗蚂蚁。

拴 牛

村口有一棵老槐树。离树 10 米的地方有一堆草。王老汉用一根 3 米长的绳子把牛拴着，结果草还是被牛吃光了。

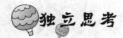 **独立思考**

为什么？

 **参考答案**

王老汉并没有把牛拴在那棵树上。

创可贴在哪里

小芳的爸爸喝多了酒，回家时撞伤了脸。小芳的妈妈给了一个创可贴让他贴上。小芳的爸爸摸到卫生间，对着镜子贴上了。出来后，竟被小芳的妈妈说了一通。

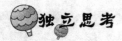 **独立思考**

为什么？

 **参考答案**

他把创可贴贴在镜子上了。

整容的逃犯

一个杀人犯为了逃避警察的追捕，跑到一家整容医院做了整容。可是他还是被警察认了出来。

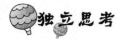

独立思考

为什么？

参考答案

整完容后，他特别像另外一个嫌疑犯。

巧过独木桥

一个大人挑着两个筐子过一坐独木桥。其中一个筐子里坐着他的小孩。恰好对面又走过来一个小孩。走到桥中间时，谁也不让谁。大人灵机一动，想出了个办法，结果都过了桥。

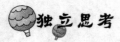独立思考

你知道他怎么做的吗？

参考答案

他让那个小孩也坐到筐里，并把筐里的东西一分为二，分别放到两个孩子的身边，让扁担在肩上转动180°就可以了。

司令的年纪

假如你是一个司令，你手下有两名军长、5名师长、10名团长和12名连长。

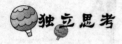独立思考

这个部队的司令今年多少岁？

因为这个部队的司令是你，所以你的年龄就是司令的年龄。

睡着的宝宝

东东很快就有一个小弟弟了。因为妈妈又怀孕了，而且很快就要生了。调皮的东东经常会去摸一摸妈妈的肚子，他能感觉到妈妈肚子里的宝宝在动。这天他又去摸妈妈的肚子。妈妈很快把他的手打开，说："以后不许再摸了。"

东东很不高兴地问："为什么？小弟弟好像不动了呀。"

"弟弟睡着了。"妈妈没好气地说。

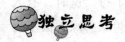

东东又说了句什么，让妈妈哭笑不得？

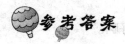

东东说："那妈妈你的肚子里还有一张床吗？"

揭开因果连环计

第三章　思路的变通

奇怪的湖水

一队考古学家在一个非常晴朗的秋天去一个地方考古。这个地方人烟稀少，只有两户人家。而且据说这两户人家，一家都说真话，另一家人遇到外人只说谎话。

考古队员自己带的水很快就喝完了，大家都渴的不行。这时，有人发现前面不远处有一个小湖泊。大家走近一看，湖水碧绿碧绿，恨不得跳进去喝个够。但很快有人提醒说应该问一下这湖水可不可以喝。恰巧此时有个人向湖边走来。大家猜想他一定是那两户人家中的一位了。但是他是说真话的还是说谎话的呢？

一个考古专家上前说道："你看，今天的天气多好啊。"

那人一看，眼前是个陌生人，但也很礼貌地答道："是呀。"

那个考古专家又问："请问这湖水可以喝吗？"

那人急忙摇手说："不能喝。"

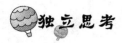**独立思考**

那湖水到底可不可以喝呢？

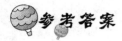**参考答案**

根据他的第一次回答可以判断，他是个说真话的人。所以湖水是不能喝的。

大象有多重

三国时，吴国的孙权送给曹操一头大象，曹操十分高兴。大象由大船运到码头那天，曹操带领文武百官和小儿子曹冲一同去观看。他们都没有见过大象，所以特别好奇。那大象又高又大，腿就有大殿的柱子那么粗，耳朵像扇子那么大。一个大臣走近去比一比，还够不到它的肚子。曹操对大家说："这头大象真乃庞然大物，想必也非常沉重。你们谁有办法称出它到底有多重呢？"

这下，所有的大臣都议论开了。有的说得造一杆巨大的秤才行。有的说要把大象杀了，把它的肉分成一块一块地称。曹操听了，很不满意："就这么一个宝贝，我怎么可能把它杀了呢？难道就没有更好更简单的办法了吗？"一时间，鸦雀无声。

这时，从曹操身后走出来一个小孩，正是曹操的三儿子曹冲，对曹操说："父王，我有个好主意。"大臣们听了，都怀疑地看着他。

曹操笑道："好吧，你说来听听。"

曹冲说了之后，在场的人无不称赞佩服。

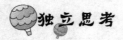

独立思考

你知道曹冲的主意吗?

参考答案

要知道古时候是没有那么大的秤和大吊车的,只能想一些巧妙的办法。曹冲看到大象是被大船运来的,于是想到把大象再装到船上,在船的舷上记下水位,然后把船装上容易称的重物直到水位和装大象时齐平,这样把重物的重量称好加起来就是大象的重量了。

下棋的仙猴

从前,有一对神仙,经常下棋。一个神仙养了只猴子。这只猴子也

经常看他们下棋。不久，这只仙猴也学会了下棋。一天，这只猴子趁仙人不注意，下凡到人间，向人挑战。结果没有一个人是它的对手。猴子扬扬得意，说它可以打败任何一个人。

皇帝听到这件事，非常不高兴，心想：我堂堂一个大国，竟然没有一个人能赢一只猴子。于是立马张贴告示，寻找下棋高手，无论是谁，只要能打败猴子，他就重赏。可是一连几天，还是没有人能打败猴子。

这天，来了一个农民，背着一袋桃子说要见皇上，并说他可以打败猴子。皇帝召他进殿，并对他说："如果你能战胜猴子，我就赏你一袋银子。但是你要输了，我就要砍你脑袋。"

农民很高兴地答应了。

比赛就在皇帝的金銮殿里进行。结果，猴子果然输了。

 **独立思考**

你知道农民是怎么赢的吗？

 **参考答案**

下棋的时候，农民过一段时间就吃一个桃子。猴子最爱吃桃子，看到农民吃桃子，它就不专心了，结果就输了。

奇怪的药方

有个胖子，特别胖，想减肥，一直没成功。无奈之下，他去找医生。医生问了情况后，给他做了全身检查。之后，医生给他开了一个"药方"。

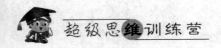

两个月后，那个胖子气呼呼地来找医生。医生简直认不出他来了。他已经瘦了一半。

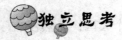独立思考

医生到底开的什么神奇药方？减肥成功后，为什么他还要气呼呼地找医生麻烦呢？

参考答案

医生给他开的药方是：你将在两个月后死去。胖子以为自己真的要死了，再也没有好胃口，整日愁眉苦脸；两个月后，他瘦了一半，但发现自己没死，于是就去找医生麻烦了。

到底谁该走

古时候，有个人要请几位好友在"食为天"饭店吃饭。说好是第二天中午，朋友们都高兴地答应了。

第二天，他早早地到了饭店，并点好菜，就等着朋友来了。到了午时，却只到了半桌朋友。他很着急，于是说了一句："该来的没来！"朋友们听了，就有人心想：他的意思是不是说我不该来啊？有几个朋友便借故离开了。他很奇怪："你们怎么走了？菜还没上来呢。"但朋友还是告辞了。他看着朋友离去的背影，又无奈地说了一句："不该走的走了。"

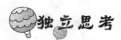

你知道接下来会发生什么吗?

参考答案

桌子上剩下的那几个朋友也全走了,因为他们认为自己是"该走的人"。

绵羊、奶牛和猪

一只绵羊,一头奶牛,一头猪,快快乐乐地住在一个棚圈里。绵羊常常会被主人拉到棚圈外剪羊毛,奶牛天天会被主人拉到棚圈外挤奶。

这天,猪听说明天主人也要把它拉到棚圈外,便哭了起来。绵羊和奶牛听得都不耐烦了。绵羊说:"你哭什么啊?我们不常被主人拉出去,结果不又被放回来了吗?""对啊,再说你这么壮,更不用怕了。"奶牛也说。猪一听,哭得更厉害了。

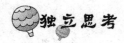

为什么呢?

猪一肥,自然就得被宰了。

揭开因果连环计

如何分鸡蛋

小华的奶奶生病了。小华的妈妈去超市买了一些鸡蛋和水果要去看望奶奶。妈妈煮了几个鸡蛋留给小华吃。小华不分青红皂白，竟然把熟鸡蛋和生鸡蛋混到了一起。这可让妈妈又恼又愁。但小华很快就把鸡蛋又分开了。

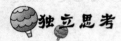独立思考

你知道小华是怎么做的吗？

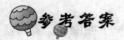参考答案

用旋转鸡蛋的方法，如果容易转或者转的时间长，就是熟鸡蛋。因为生鸡蛋在旋转时蛋黄和蛋清也会晃动，所以比熟鸡蛋会难转些，而且转的时间也较短。

一张全家福

这是一个大家庭，共有三代人。其中，一个是祖父，一个是祖母，两个是爸爸，两个是妈妈，四个是孩子，三个是孙子孙女；一个是哥哥，两个是妹妹，两个是儿子，两个是女儿，一个是公公，一个是婆婆，还有一个是儿媳妇。

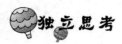

这个家庭一共有多少人?

七人。

卖药人

一天，路旁有群人围着个卖药摊子。那卖药人头上戴顶草帽，面前放着一只药箱，箱盖上放着几粒做广告用的药丸。此时，卖药人正大声叫卖："快来看，快来买啊。本药是祖传秘方，精制而成，专治脱发、秃顶。治一个好一个，绝不复发，如假包换! 快来看，快来买啊!"只见他摇头晃脑，满口喷沫，头上的草帽也跟着上下颤动。围观者有的问这有的问那，有的甚至要掏钱买了。卖药人见生意马上要开张，非常得意。弯下腰去开箱，没想到不留神把箱盖上的药掀落在地上，恰好又刮来一阵风，草帽也被刮掉了。卖药的人慌里慌张地捡药又捡帽。等他戴好帽子再抬头一看，周围的人全跑了。

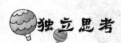

你知道为什么吗?

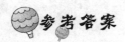

原来，卖药人的草帽被吹落，露出了秃头，大家见他连自己的秃头都没治好，卖的肯定是假药，所以都走了。

喜鹊窝

有一对喜鹊。它们在工厂和村庄之间的一棵大槐树上搭了个窝。而工厂位于村庄和火车站之间的某一处。下面有 3 句关于喜鹊的窝的表述：

A. 工厂与喜鹊窝的距离比到火车站的距离近；

B. 喜鹊窝在工厂和火车站之间；

C. 喜鹊窝到工厂的距离比到火车站近。

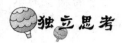

其中最准确的表述是哪个？

C。画个图就更好理解了。

王位的继承人

国王有两个儿子。他一直想挑选一个儿子当他的继承人。两个儿子也常常为了将来的王位而明争暗斗。

这天，国王把他俩带到一个仓库，指着一些木板说："这里有两堆宽度相同的木板。每堆有木板 20 块，每 20 块木板都可以箍一个木桶，桶底相同。你们可以任意选择，如果谁选择的木板箍出来的木桶装的水多，我就把王位继承给他。"结果小儿子选了那堆长木板，除了一块只有半米长，其他都是一米长。大儿子选择了那堆较短的木板，每块木板都是 60 厘米长。

你知道国王最后把王位传给哪个儿子了吗？

大儿子的水桶虽然没有小儿子的高，但是，他可以装满一桶，而小

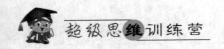

儿子的桶虽然高，但是水却只能装到 50 厘米。因此大儿子的桶装的水会比小儿子的多。所以，国王自然是将王位传给大儿子喽。

抽生死签

从前有一个皇帝，昏庸无能，好吃懒做。一天，他突发奇想，要让牢里的罪犯当着他的面抽签。有两种签，一种签上写着"死"，一种签上写着"生"。无论哪个罪犯，只要抽到"生"，就可立马被释放；如果抽到"死"，就得立马被砍头。众犯人听到这个消息，既高兴又害怕。

当时有个大臣，是个仗势欺人、无恶不作的奸臣。他为了除掉眼中钉肉中刺，便在皇帝面前诬告一位忠臣有谋反之心。皇帝听信其言，立即下旨把那忠臣关押起来，并要他在第二天也抽生死签，然后再定生死。当晚，那个奸臣买通皇帝身边的太监，把两个签都写上了"死"字。奸臣以为他的阴谋就要得逞，一晚上都兴奋得没睡好觉。天无绝人之路，偏偏这件事被另外一位忠臣知道了，于是连夜去牢里告诉了那个忠臣。

第二天，忠臣被押上金銮殿。众目睽睽下，他抽了一签。奸臣心想：你必死无疑了。可最后，皇帝又不得不放了他。

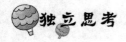独立思考

你知道这是怎么回事吗？

参考答案

忠臣已经有了心理准备。他随便抽了一签，随后把签纸吃到了肚子

里。皇帝只好下令查看剩下的那支签，因为写的是"死"字，皇帝猜想忠臣吞下去的肯定是"生"，所以只好把他放了。

盲人买罐子

  烈日炎炎的夏天，集市上并无多少人。一个卖瓦罐的小伙子还在卖力地吆喝着。他已经好几天都没开张了。不一会儿，一个人挂着拐杖走过来。小伙子立刻走上前去，拉住那个人，并央求一定要买他一个罐子。那个人本不是来买罐子的，可经小伙子一说，心软了，就决定买一个。小伙子一听，高兴极了。他再一看那人，原来是一个盲人。于是他更大胆起来。盲人问他都有什么罐子。小伙子说："我这就剩7个罐子了，大小都一样，3个白色的罐子，4个黑色的罐子。"盲人问："白罐子多少钱？黑罐子多少钱？"小伙子说："白的四文钱，黑的3文钱。""那我就买个白罐子吧。"说着，盲人从口袋里摸出4文钱给小伙子。"小伙子接过钱，眼睛一转，从地上拿起一个罐子给了盲人。盲人转身刚要走，突然又蹲下来，摸了摸小伙子的其他几个罐子。之后，他气愤地对小伙子说："你这个小伙子！我好心帮助你，你居然还坑我。我买你白罐子，你居然给我个黑罐子。要么给我换回来，要么给我退钱。否则我就把你这些罐子都打烂。"小伙子一听，羞愧得无地自容。

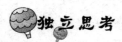
独立思考

  你知道盲人是怎么知道小伙子给他的是只黑罐子吗？

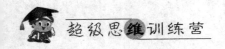

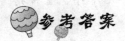

烈日下，黑罐子比白罐子更热。

他们分别是干什么的

小兵、小李、小刘三个人是好朋友。长大后，他们中一个人做生意当了老板，一个人考上了重点大学，一个人当兵去了。同时还知道：小刘的年龄比当兵的大；大学生的年龄比小李小；小兵的年龄和大学生的年龄不一样。

独立思考

他们三个人中究竟谁是老板？谁是大学生？谁是军人？

参考答案

假设小刘是士兵，那么就与题目中"小刘的年龄比当兵的大"这一条件矛盾了，因此，小刘不是士兵；假设小李是大学生，那就与题目中"大学生的年龄比小李小"矛盾了，因此，小李不是大学生；假设小兵是大学生，那么，就与题目中"小兵的年龄和大学生的年龄不一样"这一条件矛盾了，因此，小兵也不是大学生。所以，小刘是大学生。再由"小刘的年龄比当兵的大"、"大学生的年龄比小李小"，推出小兵是军人，小李是商人。

谁是对的

　　放学后，甲、乙、丙三个人在教室里一起做作业。有一道数学题比较难，当他们三个人都把自己的解法说出来以后，甲说："我做错了。"乙说："甲做对了。"丙说："我做错了。"恰好数学老师从教室经过，听到了他们的说话，走进教室关心地看了他们的作业后说："你们三个人中有一个人做对了，有一个人说对了。"

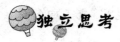

独立思考

他们三人中到底谁做对了？

参考答案

假设丙做对了，那么甲、乙都做错了。这样，甲说的是正确的，乙、丙都说错了，符合条件，因此，丙做对了。

疯子不是傻子

　　有个精神病专家开车到一家疯人院做一项调查研究。当他做完调查，准备开车回去时，却发现轿车的一只轮子不见了。他环顾一下四周，看到几个傻子正在用手滚他的轮胎，而且玩得不亦乐乎。他上前要回了轮胎，可是固定轮胎的四个螺帽也不知道被几个傻子弄哪去了。这可怎么开车回去呢？正在专家一筹莫展时，走过来一个人给他出了个主意。专家仔细一看，这个人是个疯子，但是想想，他的主意确实可行。

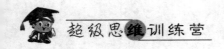

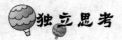独立思考

你知道这个疯子给专家出了个什么主意吗？再想想，他们会说些什么吗？

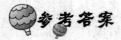参考答案

从其他 3 个轮子上各拧下一颗螺帽把被傻子卸下的轮子固定住。专家很惊奇，说："我都没想到，怎么你居然能想到呢?"疯子回答说："我又不是傻子。"

巧租房子

一对夫妻带着 7 岁的儿子到一个大城市打工。夫妻俩是第一次来这个大城市，所以当然是先找住的地方。可找了一天，也没找到太合适的房子。空房子实在太少。就是找到几个，夫妻俩不是觉得房租太贵，就是觉得房子太小。天已经黑了。最后总算看到一间不错的房子，可房东却对他们说："我的房子不租给带小孩的。"无奈之下，他们只好拖着沉重的行李准备重新找房。

这时，他们的儿子突然对房东说了一句话，让房东大笑起来，并且确定租给这个聪明孩子的一家。

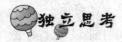独立思考

你知道他们的儿子说了什么吗？

— 60 —

小男孩说："我要租这个房子。我没有带孩子，带的是两个大人。"

旅行家问路

一个旅行家骑着自行车去 C 城。来到一个路口，前面出现了两条道，一条是通向 C 城的，一条是通向沙漠的。路边没有指示牌，他不知道到底该走哪条路。正在他犹豫的时候，路边走来了两个人，一胖一瘦。于是，旅行家就问他们俩。可是，这两个人都是哑巴，只能通过"点头"和"摇头"来回答问题，而且他们俩的答案总是相反的。这让旅行家一筹莫展。可聪明的旅行家静下心想一想，最后只问了他们一个问题，就坚定地向左边那条道骑去。

独立思考

你知道是怎么回事吗？

参考答案

旅行家站在左边道上分别问两个哑巴："如果我问他这条路通不通 C 城，他怎么回答？"结果两人都摇头。因为其中有一人是撒谎的，所以这次两人的答案都是错的，因此说明左边的路就是通向 C 城的。

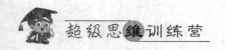

老人的遗嘱

从前，有个老农养了 17 头牛。他有 3 个儿子。在他临终的时候，他怕自己死后 3 个儿子会为了牛打起来，于是把 3 个儿子叫到床前，立下遗嘱："长子分牛 1/2，次子分牛 1/3，幼子分 1/9，但不能把牛杀掉。"说完农夫就死了。虽然父亲给他们分了牛，可兄弟三人还是犯起了难，不知如何是好。一连几天，也没个结果。

这天，一位邻居大爷放牛回来，路过他们家门口，看见 3 个兄弟还在愁眉苦脸的，就问他们怎么回事。3 个兄弟把事情如实告诉了大爷。大爷一听，哈哈大笑道："这有何难。"说完，很快就给 3 个兄弟分好了牛。3 个兄弟终于高兴了。

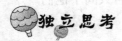独立思考

你知道邻居大爷是怎么分的吗？

参考答案

他先把自己的一头牛牵到 17 头牛中，这样总共就是 18 头。按照农夫的遗嘱，大儿子分得 1/2，即 9 头；二儿子分到 1/3，即 6 头；小儿子分得 1/9，即 2 头。这样正好还剩一头。邻居大爷把他自己的那头牛高高兴兴地牵回家了。

钟怎么回事

　　小静家有一个电子钟，平时走的都很准。这天看到电子钟显示的是
8 时 55 分时，她打开了电脑。1 分钟后，网络上的标准时间是 8 时 56，
她家的电子钟显示的也是 8 时 56。但是，2 分钟后，电子钟显示的还是
8 时 56。又 1 分钟过去，居然显示的是 8 时 55。小静怀疑钟坏了。到 9
点的时候，小静终于明白是怎么回事了。

独立思考

　　你知道这是怎么回事吗？

参考答案

　　其实小静家的电子钟是数字钟，每个数字都是由几段发光体显示
的。而小静家的数字钟恰恰是有一段不发光了。

神奇的礼物

　　6 月 6 日是小兰的生日。晚上放学回来，爸爸让小兰去邮箱取报
纸，并告诉她说那里一定有惊喜。小兰高兴地去了。她取出今天的报
纸，同时还看到一封写给自己的信。寄信人地址处竟然写着"未来世
界"。小兰立刻来了兴趣。她拆开信封，看到里面有一张生日贺卡，还
有一则从报纸上剪下来的新闻，上面显示的日期就是今天 6 月 6 日。但
奇怪的是，邮戳上显示的日期是 6 月 1 日。也就是说寄信人 5 天前就将

揭开因果连环计

信寄出了，但信里怎么会有一则今日的报纸新闻呢？难道真是从未来世界寄来的？小兰把这事告诉了爸爸。爸爸却显得很淡定，笑着说道："也许这是上天给你的特殊礼物呢。"小兰更糊涂了。她又看了看贺卡上的字，像是爸爸的字。于是她终于明白了。

独立思考

聪明的你明白是怎么回事了吗？

参考答案

爸爸在 6 月 1 日寄了一封信到家里，等到 6 月 6 日小兰生日这天，他特地剪了一份今天的报纸新闻放在信封里又封好放到了邮箱里。

谁的成绩最优秀

薇薇和笑笑是邻居，也是同班同学。寒假里，邻居赵奶奶又看到她俩在一起玩，就问她俩："瞧你两个，总是形影不离。这次期末考试，你们谁的成绩好哇？"

薇薇说："我的成绩比较好一点。"

笑笑说："我的成绩比较差一些。"

但是，她们之中至少有一个人说了谎话。

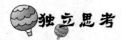

独立思考

这次期末考试，到底谁的成绩更好呢？

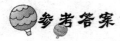

参考答案

笑笑。假设薇薇说的是实话，那么，笑笑说的也是实话了，与题意不符；假设笑笑说的是实话，那么薇薇说的也是实话了，与题意不符。因此，两个人都没有说实话，把她们两个人说的话反过来就会发现，笑笑的成绩更好。

关于帽子的游戏

有 4 个同学在做一种帽子游戏。小辉、小明和小光三人站成一个三角形，并闭上了眼睛。小军拿了 5 顶帽子，其中 3 顶是白色的，2 顶是黑色的，在他们闭上眼睛的时候，给他们每人戴了一顶帽子。然后，小辉、小明和小光同时睁开眼睛，但是看不到自己头顶上帽子的颜色，只能看到另外两个同学头上的帽子。不能说话，然后猜出自己所戴帽子的颜色。过了好长时间，小辉、小明和小光才异口同声地说出了他们所戴帽子是白色的。

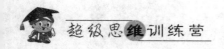

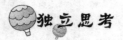

他们是怎么猜出来的？

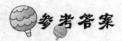

小军给他们戴的帽子只能有 3 种可能，即黑黑白、黑白白、白白白。如果是黑黑白，那么戴白帽的同学就能立即说出答案；如果是黑白白，那么戴白帽的人就能立即做出回答。所以，只可能是"白白白"了。

牛皮大的一块地方

清朝末期，由于清政府的软弱无能，中国遭到了帝国主义列强的欺辱和侵略。很多列强都圈出了自己的殖民地。有一个传教士，仗着自己的国家强大，以传教为由向清政府的一个官员要一块地说要建教堂。官员问传教士要多大的地。传教士说："我只要一块牛皮大的地方。"这个官员心想：牛皮才多大一块地方。于是他没有向朝廷报告就批准了。结果，中国又丢了一块很大的地方，而那个官员又哑口无言。

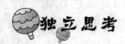

你知道传教士是怎么做的吗？

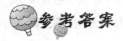 **参考答案**

他把一块牛皮剪成很多小细条，结果围出很大一块地来。

说谎的孪生兄弟

美国有一富翁，为了确保自己的人身安全，花重金雇了一对双胞胎兄弟做保镖。兄弟两人长得很像，一般人看不出来他们谁是哥哥，谁是弟弟。两人的武功都很高强。为了不泄露主人的行踪，他们还约定了这样的死规：每周一、二、三，哥哥说谎；每周四、五、六，弟弟说谎。

这天，富翁的朋友彼得找富翁有急事。到了富翁家，彼得只看到兄弟俩。所以，他只能问他们。可是，他也听说他们俩的规定，但难的是他分不清谁是哥哥谁是弟弟。彼得想了想，突然问他们："昨天是谁说谎的日子？"结果兄弟两人都说："是我说谎的日子。"

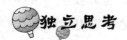 **独立思考**

你能猜出今天是星期几吗？

 参考答案

无论是星期几，他们之中至少有一人说的是真话。如果两个人都说的是真话，那么今天一定是星期日，但这是不可能的，因为如果是星期日，那么两个人都说真话，哥哥就说谎了。

假设哥哥说了真话，那么今天一定就是星期四，因为如果是星期四以前的任一天，他都得在今天再撒一次谎，如果今天星期三，那么昨天就是星期二，他昨天确实撒谎了，但今天也撒谎了，与假设不符，所以不可能是星期一、二、三。以此类推，今天也不会是星期五以后的日子，也不是星期日。

假设弟弟说了真话，弟弟是四、五、六说谎，那么先假设今天是星期一，昨天就是星期日，他说谎，与题设矛盾；今天星期二，昨天就是星期一，不合题意；用同样的方法可以去掉星期三的可能性。如果今天是星期四，那么他今天就该撒谎了，他说昨天他撒谎，这是真话，符合题意。假设今天星期五，他原本应该撒谎但他却说真话，由"昨天我撒谎了"就知道不存在星期五、六、日的情况。所以今天是星期四。

找寻财宝

麦克的父亲是一个探险家，曾经去过很多地方探险。麦克小的时候最喜欢听他的父亲给他讲探险的故事。

后来，麦克长大了。他的父亲也一天一天年老了，也就没法再去探险。麦克博士毕业时，他父亲的身体已经很差了。父亲把麦克叫到床边，一方面向他祝贺获得了博士学位，同时将一把钥匙郑重其事地交给麦克，并对他说："麦克，你长大了。可是，我也得去见上帝了。要说能留给你的财富，就是我曾经对你说过的那些故事，还有这把钥匙。尤其这把钥匙，它可以帮你打开财宝盒，那里有我留给你的巨大遗产。"不久，麦克的父亲就去世了。麦克把父亲的后事料理完后，便准备开始新的人生。

由于金融危机，尽管麦克是博士，但找起工作来还是很费劲。都快两个月了，还是没有什么大的起色。又跑了一天，回到家后，他都快累散架了。就在他心灰意冷的时候，他突然想起来父亲留给他的遗产。

"如果父亲留给我的遗产真的很可观，我为何不自己创业呢？"麦克想。于是，他拿出来那把钥匙。这是一把古代的钥匙，想必它对应的财宝盒也不同寻常。但当时父亲只给了他钥匙，并没有告诉他财宝盒在什么地方啊。麦克便开始满屋子地找，甚至他怀疑埋在地下的什么地方。然而，麦克一连找了几天，也没有找到所谓的财宝盒。"父

亲是一个做事仔细的人，他怎么会把财宝盒忘记告诉我呢？"麦克百思不得其解。他走到父亲的相片前，想寻找答案。突然灵光一闪，大叫起来："我知道了，爸爸！我知道了，爸爸！"

财宝究竟在哪呢？

那把钥匙就是财宝。

冠军的猜想

当世界杯比赛进行到只剩下美国、德国、巴西、西班牙、英国、法

国 6 支国家队时，几个球迷在一起对最终的冠军做了一下猜想。老赵说："冠军不是美国就是德国。"老张说："冠军绝不是巴西。"老李说："西班牙和法国都不可能取得冠军。"等到比赛结束，冠军终于产生时，他们发现只有一个人猜对了。

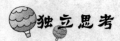独立思考

你知道究竟哪个国家队获得了冠军吗？

参考答案

先假设老赵猜对了，"冠军不是美国就是德国"，那么老张的看法也对，所以老赵的猜测是错误的，因此冠军不是美国和德国。假设老张猜对了，则老赵和老李是错的，那么，这样还是矛盾。所以老张猜错了，因此冠军就是巴西队。

巧克力与奶糖

奶奶每天都会带着她的 3 个孙子小超、小飞和小军去超市买糖果，他们要的不是巧克力就是奶糖。

（1）如果小超要的是巧克力，那么小飞要的就是奶糖；

（2）小超或小军要的是巧克力，但是不会两人都要巧克力；

（3）小飞和小军不会两人都要奶糖。

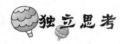

独立思考

谁昨天要的是巧克力，今天要的是奶糖？

参考答案

昨天巧克力，今天奶糖，根据条件（1）和（2），如果小超要的是巧克力，那么小飞要的就是奶糖，小军要的也是奶糖。这种情况与（3）矛盾。因此，小超要的只能是奶糖。于是，根据条件（2），小军要的只能是巧克力。因此，只有小飞才能昨天要巧克力，今天要奶糖。

小贩卖布

从前，有一个卖布的小贩。一次，他又购进了一批颜色鲜艳的布，装了一车到一个集市上卖。为了吸引注意，他还挂出一个牌子，上面写着"保不掉色"4个字。这一下，便有很多人来买。不到半天的工夫，他的布就都卖完了。他刚想回家，却下起大雨来。他只得找了家客栈暂时住下。没成想，几个买了他布的人赶路被大雨淋了，发现布居然掉色。于是跑回来找到了他，还要拉着他去官府告他。

官府大人听到有人告状，立马升堂。听了几个买布人的诉说，官府大人转而问卖布的小贩可知罪，并要求他给买者赔偿。

卖布的小贩却胸有成竹，对县官大人做了一番解释后，竟被当庭释放了。

揭开因果连环计

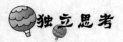

你知道是什么原因吗？

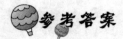

小贩对官府大人解释说："大人，他们看错了，我明明写的是'色掉不保'啊。"

三位女士

娜娜、兰兰和芳芳三位女士的特点符合下面的条件：

（1）有两位学识非常渊博，有两位十分善良，有两位温柔，有两位有钱；

（2）每位女士的特点不能超过三个；

（3）对于娜娜来说，如果她学识非常渊博，那么她也有钱；

（4）对于兰兰和芳芳来说，如果她十分善良，那么她也温柔；

（5）对于娜娜和芳芳来说，如果她有钱，那么她也温柔。

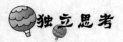

哪一位女士并非有钱？

提示：先判定哪几位女性温柔。

参考答案

如果娜娜有钱，那她也温柔。根据条件（1）、（2），如果娜娜既没有钱也不学识渊博，那她也是温柔。因此，无论哪一种情况，娜娜总是温柔。

根据条件（4），如果芳芳非常善良，那她也温柔；根据条件（5），如果芳芳有钱，那她也温柔；根据条件（1）、（2），如果芳芳既不富有也不善良，那她也是温柔。因此，无论哪一种情况，芳芳总是温柔。

根据条件（1），兰兰并非温柔，根据条件（4），兰兰并不善良，从而根据条件（1）、（2），兰兰既学识渊博又有钱。再根据条件（1），娜娜和芳芳都非常善良。

根据条件（2）、（3），娜娜并不学识渊博。从而根据条件（1），芳芳很学识渊博。最后，根据条件（1）、（2），娜娜应该很富有，而芳芳并非有钱。

导演姓什么

某届电影节的评选结束了。甲导演拍的《黄土高原》，乙导演拍的《孙悟空》，丙导演拍的《白蛇传》都获得了大奖。3个导演也都相互认识。领奖的时候，甲导演说："真是很有意思，恰好我们3个导演的姓分别是3部电影的第一个字，而且我们每个人的姓同自己所拍电影的第一个字又不一样。"孙导演也立马附和。全场观众和嘉宾无不为这种巧合而感到惊讶。

揭开因果连环计

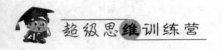

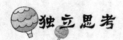独立思考

根据以上内容，推测3个导演分别姓什么？

A. 甲导演姓孙，乙导演姓白，丙导演姓黄；

B. 甲导演姓白，乙导演姓黄，丙导演姓孙；

C. 甲导演姓孙，乙导演姓黄，丙导演姓白；

D. 甲导演姓白，乙导演姓孙，丙导演姓黄；

E. 甲导演姓黄，乙导演姓白，丙导演姓孙。

参考答案

B。因为甲导演说完后，另一个姓孙的导演又说，说明甲导演不姓孙，排除A；丙导演拍摄的是《白蛇传》，因此丙导演不姓白，排除C；同样可排除D、E；所以B即为所选的答案。

老人的遗产

一个父亲给他的女儿留下了一笔遗产。女儿已经结婚。父亲临终前对女儿说："爸爸这一生虽然并不十分富有，但是我很爱你。为了不让你那贪婪的丈夫得到我的遗产，我把我所有的财产都装在一个信封里保存在银行的金库里。"父亲说完，把钥匙交给女儿就去世了。

她的丈夫知道这件事后，就抢去那把金库的钥匙。可等他打开银行的金库时，发现信封里什么也没有。信封上贴的还是很老很老的邮票。丈夫把信封拿回家，对妻子大喊大骂，说他父亲是个骗子，根本就没有给她留下遗产。妻子也很纳闷：父亲分明说他把财产都给我的啊。突然，她想到父亲是一个收藏爱好者，于是便明白了。

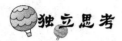

独立思考

她的父亲给她的遗产究竟在哪呢？

参考答案

就是信封上的旧邮票。

聪明的地下党员

解放战争时期，很多地下党员凭借他们超人的胆量和智慧，一次又一次地出色完成了党交给他们的艰难任务，为彻底打败国民党反动派，取得新的胜利做出了重要贡献。其中很多故事还不为人所知。

一天，一名地下党员接到上级指示，让他去国民党内部找一份重要情报。他打扮成一个记者，携带一部相机，在国民党的一次庆功舞会上，顺利地拿到了情报。就在他快要走出大门时，被身后的一个国民党军官叫住了。而且那个国民党军官很快就认出他是个地下党员并迅速地掏出手枪。地下党员是没有带任何武器的，即使他带了武器，一旦开火，他也是逃不了的。就在这千钧一发之际，地下党员沉着应变，最终逃脱了。

揭开因果连环计

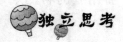
独立思考

你知道他是怎么做的吗?

参考答案

他一面说"你认错人了",一面迅速拿出相机给那个国民党军官拍照。刺眼的闪光灯让国民党军官一时花了眼,地下党员趁机迅速逃离。

县令辞退师爷

有个县令,为官清正,生活简朴,一直受到当地百姓的爱戴。他有个师爷,却有点仗势欺人,而且爱贪小便宜。县令一直想找个机会把他辞退,但又一直没有证据。

这天傍晚,县令在回县衙的路上碰到了一个小伙子,虽然一身泥土,但感觉他不像个种地的。于是县令就问他干什么的。小伙子说:"我是个穷秀才。已经两天没吃东西了。想找个有钱人家偷点东西吃。"县令听了很奇怪:做贼的哪有告诉别人他是贼的?这真是个笨贼啊!但他一想,觉得这个小伙子可以帮他一个忙。于是对小伙子说："我知道这附近哪家可以偷到钱。我带你去，但是你必须答应我你偷到钱后我们要一人一半。"小伙子很高兴地答应了。

于是，县令和穷秀才一起，来到一家后院。此时，天色已晚。县令告诉穷秀才："你从这后院翻过去，顺着一条走廊走到头，然后看到一个库房。库房的一个窗户是开着的。如果旁边没有人，你就悄悄地爬进去。库房里有好一个大箱子，没准里面都是钱。你快去，我在这等你。"穷秀才费了好大劲才翻过墙。过了好长时间，他才出来。他从口袋里掏出两个银元，给了县令一个。县令问："那里很多钱，为什么你只拿了两个银元呢？"穷秀才说："其实我只是想偷点吃的，并没想偷很多的钱。而且我感觉那家人并不像个有钱人。虽然我看到箱子里有钱，可是如果真是有钱人家，怎么会把钱放得那么明显，应该藏起来才对。"县令点点头，对穷秀才说："你明日上午还在此等我。"说完，县令就回家了。

第二天一早，县令就叫来师爷，说："昨晚好像听到院子里有动静，你赶紧去查看一下库房里的救灾款少了没有。"一会儿，师爷回来禀报说："确实有人偷了，少了不少银元。"县令下令立刻升堂，捉拿疑犯，并派人去叫院外的那个穷秀才。

穷秀才这才知道原来那个人是个县令，害怕得魂不守舍。县令又问师爷："究竟少了多少个银元？"

"有 10 个之多。"师爷说。

"大胆师爷！"县令一拍惊堂木，"这是救灾款，师爷你居然敢私吞。快快交出银元，我放你回去，否则，定不轻饶。"

独立思考

县令怎么知道师爷私藏了救灾款呢？

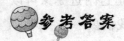参考答案

虽然穷秀才偷了钱，但他毕竟诚实。师爷想既然有人偷钱，何不借此机会也拿一些，嫁祸于小偷呢。所以师爷一说丢了 10 个银元，自然与秀才"偷"的数对不上，县令断定一定是师爷干的。穷秀才也是因祸得福。县令把师爷赶走，就让这个诚实的秀才当了他的师爷。

土著部落的秘密

一个探险家独自探险，在穿越一个大森林时迷路了。拿出地图和指南针也不知道该往哪走，因为地图上根本就没有标记出这一地区。无奈之下，他只好向当地的土著人求救。但是他想起来曾经有朋友告诉过他：这个地区有 A、B 两个部落，而且这两个部落的人说话正好都是相反的。恰在这时，他遇到了一个懂英语的土著人甲，于是问他："你是哪个部落的人？"甲回答："A 部落。"探险家毫不犹豫地相信了。土著甲送探险家走出森林。路上他们又遇到了土著乙。探险家就请甲去问乙是哪个部落的。甲问完乙后对探险家说："他说他是 A 部落的。"探险家迷糊了。

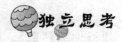独立思考

你知道土著甲到底是哪个部落的人吗？

假设甲是 B 部落的，则与他不认识的乙则为 A 部落的，则甲说假话，那么甲回来说的："他说他是 A 部落的人"这句话应该反过来理解为：乙是 B 部落的。这就矛盾了；假定甲是 A 部落的，则他的话为真，并且与他不认识的乙应该是 B 部落的，那么乙说的就是假话。所以甲回来说："他说他是 A 部落的人"，正好证明乙是 B 部落的，因此这个假设成立。所以甲是 A 部落的。

猜测省份

几个对地理知识非常感兴趣的同学聚在一起研究地图。其中的小冬同学在地图上把几个省份分别标上了 A、B、C、D、E，让其他同学猜他所标的地方都有哪几个省。

甲说："B 是陕西，E 是甘肃。"乙说："B 是湖北，D 是山东。"丙说："A 是山东，E 是吉林。"丁说："C 是湖北，D 是吉林。"戊说："B 是甘肃，C 是陕西。"

小冬说："你们每人只答对了一个省，并且每个编号只有一个人猜对。"

你知道小冬标的 A、B、C、D、E 分别是哪几个省吗？

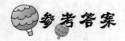参考答案

　　假设甲说的第一句话正确，那么 B 是陕西，戊的第一句话就是错误的，戊的第二句话就是正确的；C 是陕西就不符合条件。如果甲说的第二句话正确，那么 E 就是甘肃，戊的第二句话就是正确的，C 是陕西。同理便可推出 A 是山东，B 是湖北，C 是陕西，D 是吉林，E 是甘肃。

录取通知书

　　小君、小文和小胜是全校的尖子生。高考的时候，他们的分数排在全校的前三名。很快就有消息传出来说他们分别被清华、北大和复旦大学录取了。他们的 3 个班主任分别做了如下猜测：

　　小君的班主任说："小君会被北京大学录取，小胜被复旦大学录取。"

　　小文的班主任说："小文将被北京大学录取，小君被复旦大学录取。"

　　小胜的班主任说："小胜一定被北京大学录取，小君被清华大学录取。"

　　等到录取通知书下来后，3 个班主任发现他们每人只猜对了一半。

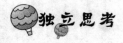独立思考

　　你知道他们三人分别被哪个大学录取了吗？

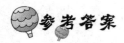

用假设排除法，小君、小文、小胜分别被清华大学、北京大学、复旦大学录取。

出差的人选

某单位要在甲、乙、丙、丁、戊、己6名员工中挑选出差的人，领导给人事主管的要求是：

（1）甲、乙两人至少去一个人；

（2）甲、丁不能一起去；

（3）甲、戊、己三人中要派两人去；

（4）乙、丙两人中去一人；

（5）丙、丁两人中去一人；

（6）若丁不去，则戊也不去。

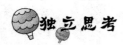独立思考

人事主管究竟该选谁去出差呢？

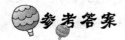参考答案

甲、丙、己。

主演的年纪

4 个韩剧迷对一部正在热播的韩剧里的女主角的年龄进行了猜测。

张阿姨说："她不会超过 20 岁。"

王阿姨说："她不超过 25 岁。"

李阿姨说："她绝对在 30 岁以上。"

赵阿姨说："她的岁数在 35 岁以下。"

实际上只有一个人说对了。

独立思考

女主角的年龄到底多大呢？

A. 张阿姨说得对；

B. 她的年龄在 35 岁以上；

C. 她的岁数在 30—35 岁之间；

D. 赵阿姨说得对。

参考答案

B。此题最好用排除法。根据条件只有一个人说的是正确的。如果张阿姨说得对，那么王阿姨和赵阿姨说得也对，排除 A；同理王阿姨说得也不对，如果李阿姨说得是对的，赵阿姨说得也可能对，反之也是如此，排除 C、D，故选 B。

村民的选举

在一次村民投票选举中，统计显示，有人投了所有候选人的赞成票。

独立思考

假如显示的统计是真实的，那么在下列选项中，哪个选项也一定是真实的：

A. 每个选民都投举了每个候选人的赞成票；

B. 在选举所有的候选人中，都投赞成票的人很多；

C. 不是所有的选民投所有候选人的赞成票；

D. 所有的候选人都当选是不太可能的；

E. 所有的候选人都有当选的可能。

参考答案

C。只有 C 是可以从陈述中直接推出的，故选 C。

真话和谎言

甲、乙、丙三人都喜欢对别人说谎话,不过有时候也说真话。这一天,甲指责乙说谎话,乙指责丙说谎话,丙说甲与乙两人都在说谎话。其实,在他们3个人当中,至少有一人说的是真话。

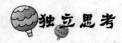

到底是谁在说真话?

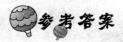

乙。此题可以运用假设排除法推理得出乙说的是真话,甲和乙都是在说谎话。

议员与议案

某国A、B、C、D、E、F和G七位高级议员正在秘密对1号、2号、3号议案举手表决。每位议员都不可弃权,而且必须对所有议案做出表决。按照议会规定,有4位或者4位以上议员投赞成票时,一项议案才可以通过。投票的最终结果是:

(1)A反对这三项议案;

(2)其他每位议员至少赞成一项议案,也至少反对一项议案;

(3)B反对2号议案;

(4)G反对2号和3号议案;

（5）D 和 C 持同样态度；

（6）F 和 G 持同样态度。

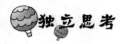独立思考

（1）赞成 1 号议案的议员是哪一位？

A．B

B．C

C．D

D．E

E．G

（2）2 号议案能得到的最高票数是：

A．2

B．3

C．4

D．5

E．6

（3）下面的判断中，哪一项是错的？

A．B 和 C 同意同一议案；

B．B 和 G 同意同一议案；

C．B 一票赞成，两票反对；

D．C 两票赞成，一票反对；

E．F 一票赞成，两票反对。

（4）如果 3 个议案中某一个议案被通过，下列哪一位议员肯定投赞成？

A．B

B. C

C. E

D. F

E. G

（5）如果 E 的表决跟 G 一样，那么，我们可以确定：

A. 1 号议案将被通过；

B. 1 号议案将被否决；

C. 2 号议案将被通过；

D. 2 号议案将被否决；

E. 3 号议案将被通过。

（6）如果 C 赞成 2 号和 3 号议案，那么，我们可以确定：

A. 1 号议案将被通过；

B. 1 号议案将被否决；

C. 2 号议案将被通过；

D. 2 号议案将被否决；

E. 3 号议案将被通过。

参考答案

（1）E。根据条件 2，每个议员至少赞成一项议案。既然 G 反对 2 号和 3 号议案，因而他必然赞成 1 号议案。

（2）C。因为 A、F、G 三个议员肯定投反对票。

（3）B。根据条件 3、4，B 反对 1 号议案，G 反对 2 号和 3 号议案，因此他们两人不可能赞成同一议案。

（4）B。若 1 号议案通过，则 C、D、F 投赞成票；若 2 号议案通过，则 B、C、D、E 投赞成票；若 3 号议案通过，则 B、C、D、E 投赞成票。综上所述，3 个议案中某一议案被通过，C 或 D 都投赞成票，故选 B。

（5）D。因为如果 E 的表决跟 G 一样，那么 2 号和 3 号议案都必将被否决（条件 1、4、6）。同理选 C 和 E 都是明显错误的。选 A 和 B 也不一定对。因为肯定赞成 1 号议案的只有 3 位议员，他们是 E、F、G。因此 1 号议案可能被通过，也可能被否决。

（6）B。因为 1 号议案已有两票反对（A 和 B），再加上 C 和 D（根据条件 5），共 4 票反对，因此必被否定。同理选 A，是明显错误的。而 C、D、E 的结论可能是对的，也可能是错的，这要看 B 和 E 的立场如何，本题未表明他们的态度，所以我们也就无法确定 2 号议案或 3 议案号是被通过还是被否决。

国王的奖赏

有个国王，想考考他的大臣们。他派人抬来一个大黑罐子，然后对他的大臣们说：“各位爱卿，多年来，你们对我都忠心耿耿，各尽其职，国家才如此繁荣昌盛，人民生活才如此安定。今天，我给你们一个特别的赏赐。”

一听到有赏赐，所有大臣都竖起了耳朵。

“看到了吧，在你们眼前摆着一个黑罐子。你们知道这罐子里装着什么吗？”

“不知道。是什么？陛下！”

“哈哈，是我最心爱的宝石。”

“啊，宝石！”所有的大臣都盯着罐子看。但是罐子不是透明的，谁也看不到。

“但是，你们谁能获得宝石，获得多少宝石，那就要看你们的聪明

才智和勇气了。我这个大罐子里共装着50颗红宝石和51颗蓝宝石。你们要被蒙上眼睛从这个罐子里取出宝石来，无论取多少，只要取出来的红宝石和蓝宝石的数量相当，宝石都归你。如果你取出的宝石的数量不相等，那么你必须把宝石都放回到罐子里。寡人就祝你们好运了。"

所有的大臣又都不知所措了。都想获得更多的宝石，可是如果取出的宝石的数量不一样，就一颗也得不到了。

"众爱卿，你们谁先取啊？"

可过了好大会儿，也没人上前去取。

这时，有个大臣说："其实大家也别太贪心，哪怕取2颗，你就有50%的机会。"

话音刚落，一个矮小的大臣走到罐子前，对国王提出一个要求，国王答应了，结果他得到了100颗宝石。

独立思考

你知道这是怎么回事吗？

参考答案

这个大臣对国王说："陛下，我能从罐子里取出100颗宝石，只留下1颗吗？"国王说："可以啊。只要你取出来的100颗宝石中红宝石和蓝宝石的数量相当，这些宝石都归你了。但是不相当，你得还给我。"

于是，这个大臣从罐子里取出了 100 颗宝石，剩下的那颗宝石正好是蓝宝石，那么他取出来的两种宝石的数量必然相当。其实他这样取，也是 50% 的机会，如果剩下的那颗宝石是红色的，他就输了；如果剩下的那颗宝石是蓝色的，他就赢了。

四个室友做什么

住在同一学校宿舍的 4 个学生 A、B、C、D 正在听一首流行歌曲。对面有男生看到她们当中有一个人在剪指甲，一个人在写东西，一个人站在阳台上，另一个人在看书。另一个男生说那 4 个女生他都认识，并对其他男生说：

（1）A 不在剪指甲，也不在看书；

（2）B 没有站在阳台上，也没有剪指甲；

（3）如果 A 没有站在阳台上，那么 D 不在剪指甲；

（4）C 既没有看书，也没有剪指甲；

（5）D 不在看书，也没有站在阳台上。

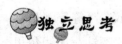独立思考

4 个女生分别在干什么？

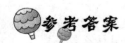参考答案

根据条件可以推出：

A 在写东西或者站在阳台上；

B 在写东西或者在看书；

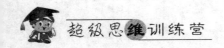

C 在写东西或者站在阳台上；

D 在写东西或者在剪指甲。

由此可得 D 一定在剪指甲，由条件 3 可排除 A 在写东西，那么 A 站在阳台上；由以上排除 C 站在阳台上，那么她一定是在写东西；那么 B 一定在看书。即 A 站在阳台上，B 在看书，C 在写东西，D 在剪指甲。

贪心的富婆

有一个丑陋的老富婆，一次出门回来，发现钱包丢了，于是不得不原路返回去找她的钱包。可是走了很久，也没有找到。她想：一定是被人捡去了。只好自认倒霉，又回家去了。

第二天一早，听见有人敲她家的门。打开门一看，是两个小男孩。其中一个小男孩拿着一个钱包，问老富婆："这是您的钱包吗？"

老富婆一看："就是就是，就是我的。是我昨天掉的。"她一面说，一面打开钱包，看到里面的钱一点没少，总算松了一口气。

"既然是你的，那我们就走了。"说着，两个小男孩就准备离开了。

老富婆眼珠一转，恶心又起。忙叫住两个小男孩说："等等。虽然钱数是对的，但是我的钱包里面本来还有一颗钻石，这颗钻石比钱包里的钱可要贵重许多。是你们拿走了吧？"

两个男孩一听，生气至极：好心好意把钱包还给她，她不但不感谢我们，反而要诬陷我们。

其中一个男孩立马说道："没有。我们根本就没看见什么钻石。"

"那我可要去告你们了。"老富婆吓唬他俩道。

结果，另一个小男孩很快就摆脱了老富婆的纠缠。

独立思考

你知道他是怎么做的吗?

参考答案

男孩走到富婆跟前,一把夺过钱包,说:"那这个钱包一定不是你的。我们重新去找它的主人。你等着其他人给你送上有钻石的钱包吧。"老富婆当然不想回来的钱包又跑了,只好就此罢手。

小选手的名次

小青、小刚、小红三名小学生去北京参加了一次全国小学生数学竞赛。他们分别来自安徽、江苏和上海 3 个不同地方,结果包揽了一二三等奖。现在只知道的情况是:

（1）小青不是安徽选手;

（2）小刚不是江苏选手;

（3）安徽的选手不是一等奖;

（4）江苏的选手得了二等奖;

（5）小刚得的不是三等奖。

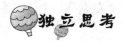

独立思考

小红来自哪里,她得的是几等奖?

揭开因果连环计

参考答案

　　如果小红得的是一等奖，她不是安徽选手，小刚是二等奖是江苏选手与条件2相违背，排除这种情况。

　　如果小红得的是二等奖，则她是江苏选手，小青一定是上海人，小刚一定得的是一等奖，小刚是安徽选手，与条件3相背，排除这种情况。

　　所以小红得的是三等奖，小青得的是二等奖，是江苏人，小刚是上海人，得的是一等奖，所以小红是安徽人，符合所有条件。因此，小红是安徽选手，她得的是三等奖。

真假陶罐

　　小辉的爸爸最近爱上了收藏古董。有空的时候经常会去古玩一条街淘宝。这天，他碰到一个卖陶罐的，极力向他推荐一只陶罐，说："别看我这个陶罐不好看，但它可是2000多年前的东西啊，您今天看见我，可真值了。这以后绝对价值连城啊。"小辉的爸爸把陶罐拿到手里，左看看，右看看，里看看，外看看，上看看，下看看，最后看到陶罐的底部确实写着"公元前26年"的字样。于是就买下了。

　　回到家，小辉的爸爸立马说他今天淘到了一个大宝贝。于是家里人都来看。妈妈说："如果这真是个宝贝，那我们家可就发财了。哪天，拿着你这个宝贝上电视台让专家看看到底值多少钱。"

　　小辉的爸爸有些不高兴地说："怎么叫'如果是个宝贝'？它就是个宝贝。2000多年前的东西啊。你们看底下还写着呢。"

　　小辉虽然不懂古董，但是刚刚学过中国历史。听爸爸这么一说，再看看罐底上的那几个字，突然大呼："爸爸，你上当了。这个绝对是假的。"爸爸、妈妈一听，都傻了。

小辉判断得对吗？

这种年代纪年法，只是史学家们为了便于研究之前的历史所做的统一规定。古时候还没有这种纪年法。可见，那只陶罐是后人仿造再把字刻上去的。小辉的判断是正确的。

神奇的正方体

有一个正方体，每个面的颜色都不同，6个面分别是红、黄、蓝、绿、黑、白6种颜色。而且：1. 红的对面是黑色；2. 蓝色和白色相邻；3. 黄色和蓝色相邻。

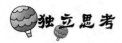

下面哪个判断是错误的？

A. 红色与蓝色相邻；

B. 蓝色的对面是绿色；

C. 白色与黄色相邻；

D. 黑色与绿色相邻。

揭开因果连环计

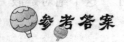

由条件 1 可得，黄绿蓝白为两组相对的颜色；又由 2、3 可得，白色与黄色为对面，蓝色与绿色为对面。所以选 C。

保险的办理

居委会的工作人员调查得知：小区里，大多数中老年人都办了人寿保险，所有买了三居室以上住房的居民都办了财产保险，所有办理人寿保险的都没有办财产保险。

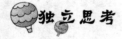

以下哪种说法是真的？

1. 某些中老年人买了三居室以上的房子。
2. 某些中老年人没办财产保险。
3. 没有办人寿保险的是买了三居室以上房子的人。
A. 1、2 和 3
B. 1 和 2
C. 2 和 3
D. 1 和 3

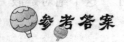

2 正确，因为肯定有中老年办人寿保险，所以肯定没办财产保险。

3 正确，买三居室以上房子的都办了财产保险，办人寿保险的没办财产保险，办财产保险的也肯定没办人寿保险，所以这些人大都没办人寿保险。1 不能断定，大多数买人寿保险，也可以有人买了三居室以下的房子也没买人寿保险。所以选 C。

球的重量

有 80 个外观一样的小铁球，其中有一个比其他的铁球轻。

独立思考

如何用一个天平，称 4 次，把那个重量不同的小铁球找出来？

参考答案

第一次称量：天平两端各放 27 个球。如果平衡，那么下一次就以剩下的 26 个球作为称量对象。如果不平衡，那么选择轻的一端的 27 个球作为第二次称量的对象。

第二次称量：天平两端各放 9 个球。如果平衡了，那么下一次就以剩下的 8～9 个球作为称量对象。如果不平衡，那么就选择轻的一端的 9 个球作为下次称

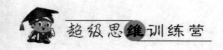

量的对象。

第三次称量：天平两端各放 3 个球。如果平衡了，那么下一次就以剩下的 2~3 个球作为称量对象。如果不平衡，那么就选择轻的一端的 3 个球作为下一次称量的物品。

第四次称量：天平两端各放 1 个球。如果平衡了，那么剩下的那个球就是要找的球。如果不平衡，那么轻的一端就是要找的球。

该怎样动杯子

一天，小军家来了 6 个客人。小军的妈妈给他们倒了 6 杯水。等客人走后，妈妈发现桌子上有 3 个空杯子，另外 3 个杯子里的水几乎没喝。她把 3 个有水的杯子和 3 个空杯子排成一排，对小军说："看你怎么动其中一个杯子，使得有水的杯子和没水的杯子正好间隔开？如果你做到了，我晚上就给你做好吃的。"

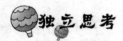独立思考

你能想出来吗？

参考答案

用 ● 代表盛满水的杯子，○ 代表空杯子，把 ●●●○○○ 中第二个杯子里的水都倒入倒数第二个杯子里就可以了。

小伙伴的秘密

小明和小光是很要好的小伙伴。他们要一起出去玩，如果有家长在场，他们就说暗语。这天，小光去找小明，看到小明的爸爸妈妈都在，就对小明说："橙子李子猕猴桃。"意思是说"我们游乐场玩耍"。小明对小光说："栗子橘子火龙果。"意思是说"星期六游乐场玩耍"。小光又说："橘子橙子香蕉梨。"意思是说"星期六游乐场碰面"。说完，小光就走了。

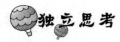独立思考

他们说的"香蕉梨"是什么意思？

参考答案

第一句和第三句的原话里都有"橙子"，解释的句子里都有"游乐场"，所以"橙子"代表"娱乐场"。第二句和第三句里都有"橘子"，解释的句子里都有"星期六"，所以"橘子"代表"星期六"。所以"香蕉梨"的意思就是"碰面"。

这个测量真奇怪

数学老师给同学们布置了一个特殊的作业，要求同学们回家去测量一些东西，凡是家里的东西都可以测量。星期一，老师在批改作业的时候发现小强的作业本上写着：$9+6=3$，$5+8=1$，$6+10=4$，$7+11=$

6。上课的时候，老师问同学们昨天都测量的什么，还把小强的作业抄到黑板上。同学们一看，都哈哈大笑起来。小强很不服气，说："你们笑什么？我测的就是对的。"

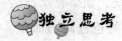

你知道小强到底测的是什么吗？

测的是时钟下午的时间。

打不开的财宝箱

　　小托尼的父亲是个船长。因为父亲大部分时间都在船上，所以托尼一年只能见到父亲一两次，几乎都是母亲把他抚养大。

　　在托尼 10 岁的时候，他的妈妈突然生病去世了。于是他有时只能到叔叔家吃饭。但叔叔一家人对托尼并不友好，甚至还打骂托尼，托尼有时就得饿着肚子。这年圣诞节，托尼的爸爸回家了。知道妻子去世后，托尼无依无靠，就悄悄交给托尼一把钥匙，并对他说："因为我是船长，经常出海，所以不能照顾你。以后你就得自己照顾自己了。我在后山上埋着一个财宝箱。这是财宝箱的钥匙。如果你需要钱了，就去拿。但一定要小心，不能让任何人知道，而且用钱一定要节制，不能一下子花光，明白吗？那些钱够你用到 20 岁是没有问题的。"

　　托尼听了自然很高兴。他多么希望父亲从此以后就不用再出海，天天在家陪着自己啊。但是，圣诞节后第三天，父亲又走了。托尼依依不舍地送走了父亲，从此始终把父亲交给他的那把钥匙带在身上，即便睡觉的时候也要挂在脖子上。

开学了，托尼想取点钱交学费。于是悄悄地爬走到山上，用锹挖出了那个铁箱子。当托尼兴奋地想打开箱子时，却发现钥匙怎么也插不进锁孔里去。

 **独立思考**

这是怎么回事呢？难道是父亲给错了钥匙吗？

参考答案

物体有热胀冷缩的特性。由于箱子被埋在冰冷的土中，而钥匙天天带在托尼的身上，所以，锁孔会缩小，而钥匙会增大。因此钥匙插不进去了。

奶奶的手表

小兰的奶奶有一只老的机械手表。一天她发现，她的手表要比家里的挂钟每小时快2分钟。她觉得也不一定是自己的表走不准，也可能是挂钟走不准。于是，她又留意发现挂钟比电视上的标准时间刚好每小时慢2分钟。于是小兰的奶奶高兴地想："我的表每小时比挂钟快2分钟，而挂钟比标准时间每小时慢2分钟，可见我的表准得很。"

揭开因果连环计

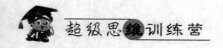

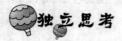

小兰奶奶的想法对吗？

乍看起来，小兰奶奶的表是走得很准。其实，走得并不准。这是因为，当她用手表同挂钟对比时，每小时快 2 分钟，但这 2 分钟并不是标准的 2 分钟（因为挂钟上的时间并不是标准时间）；而当她用挂钟和电视上播出的时间对比时，每小时慢 2 分钟，这却是标准的 2 分钟。所以，前后虽然同是 2 分钟，但实际上还存在着快慢的不同。所以小兰奶奶的想法是不对的。

处置俘虏

古时候，有两个国家打仗。结果一个国家胜利，占领了另一个国家。这个战胜国决定处死所有的战俘。有两种死法：一种是砍头，一种是绞刑。战俘可以说一句话，而且这句话是马上可以验证出真假的，如果是真话，就处绞刑；如果是假话，就要被砍头。结果，许多战俘不是因为说了真话而被绞死，就是因为说了假话而被砍头；或者是因为说了一句不能马上验证真假的话，而被视为说假话砍了头；或者是因为讲不出话来而被当成说真话处以绞刑。

但是，有一个战俘非常聪明。他说了一句巧妙的话，使得既不能将他绞死，又不能将他砍头，最后只得把他放了。

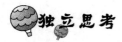

独立思考

这个战俘说了句什么话?

参考答案

　　这个聪明的战俘说的是"要对我砍头"。如果真的把他砍头,那么他说的就是真话,而说真话是应该被绞死的。但如果把他处以绞刑,那么他说"要对我砍头"便成了假话了,而假话又应该被砍头。无论要把他绞死或者砍头,都没有一个结果。所以只得把他放了。

揭开因果连环计

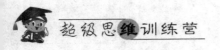

两个钟表

有两个老钟，一个钟每天要慢 1 分钟，而另一个钟每天准 2 次。

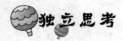 独立思考

如果是你，你会选择哪一个？

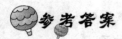 参考答案

钟是用来计时的，每天只准 2 次的钟很显然是一只不走的钟。所以应该选择每天慢 1 分钟的钟。

盲人与袜子

有一对双胞胎，但都是盲人。有一次，他们各买了两双白袜子和两双黑袜子，袜子除了颜色不一样，其他都一样。回到家后，他俩不小心，将他们的袜子全混到一起了。

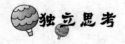 独立思考

他俩如何再分得每人两双白袜子和两双黑袜子呢？

总共是 4 双袜子共 8 只。只要他俩轮流从一双袜子中取出一只、4 双袜子中各取出 4 只就可以了。

三对不同的客人

一天，一家小旅店来了 3 对客人，两个男人，两个女人，还有一对夫妻，他们开了 3 个房间。由于门牌号都已脱落，旅店都是给门上挂上特殊的牌子作为记号。比如：在那两个男客人住的房间门上挂一个写着"男"的牌子，在那两个女人住的房间的门上挂着一个写着"女"的牌子，在那对夫妻住的房间的门上挂一个写着"男女"的牌子。

晚上，那对夫妻的一个朋友来找他们。夫妻告诉他们的朋友他们住在挂着"男女"牌子的房间。可是恰恰有人搞恶作剧把他们的牌子全调换了。

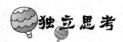独立思考

这个朋友应该敲哪个房门就可以判断出其他两个房间的情况？

参考答案

应该敲挂着"男女"牌子的房间。因为每个牌子都是错的，所以挂有"男女"牌子的房间一定是只有"男"或只有"女"，确定了这个，另外两个也就可以判断出来了。

揭开因果连环计

找到开关

小华的新家终于装修好了。他的卧室外有左、中、右3个开关，分别控制卧室内的3盏灯。在卧室外看不见卧室内的情况。

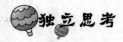独立思考

小华如何只进门一次，就可以判断出哪个开关控制哪盏灯呢？

参考答案

第一步，打开左开关，5分钟后关闭；第二步，打开中开关；第三步，进入卧室。中开关控制的是亮着的灯；用手去摸不亮的灯，发热的是左开关控制的灯，不发热的是右开关控制的灯。

审讯犯罪嫌疑人

有两个犯罪嫌疑人同时被抓，并被分别关到两个审讯室里接受审讯。警察告诉他们如果两个人能同时坦白，各判刑五年；如果一人坦白，坦白的人只需判刑一年，但另一个就得判刑十年；如果两人都不坦白，各判刑三年。在两个犯罪嫌疑人都不知道对方回答的情况下，结果都选择了坦白。

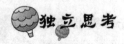独立思考

为什么？

参考答案

因为他们都不知道对方是否坦白，他们都在猜想：

（1）如果他坦白，我坦白，我就得判五年；我不坦白，我就得判十年，因而坦白更好；

（2）如果他不坦白，我坦白，我判一年；我不坦白，我判三年，因而也是坦白更好。

所以，他们都选择了坦白。

囚犯分汤

一所监狱的一间牢房里，关着两个囚犯。监狱每天只给他们提供一小锅汤，让这两个囚犯自己来分。起初，这两个人经常会发生争吵，因为他俩总是觉得对方的汤比自己的多。后来他俩找到了一个两全其美的办法：一个人分汤，让另一个人先选。这样，两人都觉得很公平，不再争吵了。这天，这间牢房又关进来一个囚犯。监狱提供的还是一锅汤，只是比之前的锅要大点。

独立思考

三个囚犯怎样分才能让彼此都接受呢？

参考答案

想要使 3 个人心理平衡，分汤时就必须要公平、公正、公开。

第一步，让第一个人将汤分成他认为均匀的三份；

第二步，让第二个人将其中两份汤重新分配，分成他认为均匀的两份；

第三步，让第三个人第一个取汤，第二个人第二个取汤，第一个人第三个取汤。

奇怪的瓷瓶

豆豆家有一个瓷瓶，平时只作为家里的摆设。有一天，爷爷告诉豆豆，说这个瓷瓶是个传家宝，只要一摇，就可以发出响声。于是豆豆就来了兴趣，抱起瓷瓶晃了晃，果然发出清脆的响声。但是又看不见里面到底是什么，因为瓷瓶的口是被封着的。

有一天，豆豆的奶奶打扫卫生，不小心竟然把这个传家宝打碎了。爷爷大发雷霆；豆豆却非常高兴。他想：这回可以知道瓶里到底是什么东西作响了。但是，豆豆在地上找了半天，除了碎瓷片，什么也没看见。

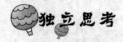独立思考

你知道瓷瓶里到底装的是什么吗？

参考答案

只是几块瓷片而已，所以当瓷瓶打碎了，瓷片混在一起，当然就不易发觉喽。

高明的医生

一个富翁突然感到腹痛，而且呕吐起来。他立刻打电话给他的私人医生。私人医生带着他的两个助手很快赶到富翁家中。医生很快诊断出他是得了急性阑尾炎，必须马上做手术。手术在家中就可以进行。但由于匆忙，他们只带了两副手套。在做手术时，为了防止感染，医生和富翁、医生和助手、助手和富翁之间都不能直接接触。而医生和助手三人必须轮流使用一次手套。

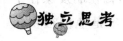

独立思考

他们三人怎么做才能顺利安全地完成这次手术呢？

参考答案

第一个人套上两副手套手术；之后，第二个人用第一个人套在外面的那副做手术；最后，第三个人先把第一个人套在里面的那副手套翻过来套上，再套上第二个人用的那副手套。

揭开因果连环计

第四章　做个小侦探

神秘的盗窃案

在海边上，有一个小木屋。有一对夫妻住在那里。因为天已经很冷了，所以早已没有游客了。

这天早上，这对夫妻要去会见一个朋友。他们出门的时候，天正下着雪，而且地上已经白了。雪越下越大。晚上，他们就在朋友家住下了。第二天，当他们回到家的时候，发现被盗了。于是他们很快报了警。

警察查看了现场，发现屋子四周，除了刚才夫妻俩和警察自己踩的脚印，还能隐约看到一串从海上走到小屋的脚印。警察有些疑惑：如果小偷是从海上走到小屋里，那么怎么没有他逃跑的脚印呢？但很快，警察就明白是怎么回事了。

独立思考

你知道是怎么回事吗？

小偷很显然是坐船到海边，然后从海边走到小木屋的。没有看到他逃跑的脚印，是因为他是从小屋退着走到海边的。由于雪很大，他来时的脚印已经被雪覆盖了，所以地上只留下他倒退着回到海边时的那串脚印。

妃子和侍女

西方有个国王，他有 10 个妃子。每个妃子都有一个侍女。但这些侍女中有一个特别坏，经常挑拨妃子之间的关系，导致妃子不和。国王知道这件事后，就把 10 个妃子召集到一起，对她们说："你们的侍女中有一个是坏人，你们必须给我找出来，并把她杀掉。我给你们 10 天的时间。如果你们谁知道了隐瞒不报，你们可就得死了。"

妃子们回去后，一面查，一面及时打听消息。可一连 9 天过去了，还没有侍女被杀的消息。

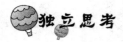

你估计第十天会发生什么吗？

之所以前 9 天没有侍女被杀的消息，是因为妃子们都相信自己的侍女不是坏人而等着别的妃子杀掉她的侍女。可是到第十天，如果再没有

人杀掉自己的侍女，那自己就得死了。所以到第十天，妃子们把自己的侍女都杀了。

伪装的黑人

在一个检查站，有几位警察正密切关注着每一个经过的人。

这时，一个戴着帽子的黑人走了过来。警察拦住了他，并示意他出示证件。黑人连连摇头，表示出听不懂的神情。还好，队里的一个警察会英语，于是用英语告诉他出示证件。黑人这才明白，慢吞吞地从口袋里掏出证件交给警察。警察仔细查看之后，并没有发现问题，只好又还给黑人。黑人伸出一只手接过证件，刚想装进口袋快速离开，却被另一

名警察叫住了。

"很抱歉，我们不能放你过去。因为你在伪装。"

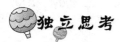

独立思考

警察是怎样识破的呢？

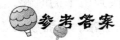

参考答案

当黑人伸手接证件的时候，那名警察看到黑人的掌心也是黑色的。而真正黑人的掌心并不是黑色的。所以判定此人一定是伪装的。

谁是真正的凶手

从前有两个兄弟，哥哥叫刘勤，弟弟叫刘奋。兄弟俩从小父母双亡，相依为命。一转眼，两人都到了成家的年龄了。

虽然兄弟俩都很勤快，整日辛苦劳作，但终究没有太多的积蓄，想要娶个媳妇还是有点困难的。村里有个姑娘叫王娟，和兄弟俩的年龄差不多，从小一起长大。王娟的父母看到两个兄弟穷苦，也时常救济救济，兄弟俩也经常帮王娟家干活。天长日久，兄弟俩对王娟都产生了好感。王娟也很喜欢和兄弟俩在一起。王娟的父母认为虽然兄弟俩不富裕，但人都很不错，想着把王娟许配给兄弟俩，但毕竟只能嫁给一个人。于是就叫来王娟，问她的意思。王娟先是不好意思说，最后还是说出了她的愿望：想嫁给老二。老两口很高兴，又派人叫来兄弟俩说这事。

刘奋一听，高兴极了。哥哥刘勤虽然觉得有些遗憾，但是想到既然

揭开因果连环计

王娟选择了弟弟，就应该为他们高兴才是。而且在接下来的整个婚礼期间，哥哥一直在帮弟弟的忙。因此虽然婚礼办得并不很隆重，但有王娟家人的帮忙，有哥哥刘勤的帮忙，弟弟刘奋和王娟的婚礼还是办得很顺利，全村的人都很羡慕刘家两兄弟。

一切又恢复平静。刘家两兄弟就更加辛劳了。尤其是刘奋，心里一直感激哥哥。所以以后的农活、重活，弟弟都抢在哥哥先。到了给田里庄稼除草的时候，一早，弟弟就扛着锄头先下地了。快到中午的时候，哥哥带上饭菜和水送给弟弟。可他没走多远，天空乌云翻滚，眼看就要下雨了。于是刘勤赶紧跑回家，拿上两把雨伞向地里跑去。雨很快就下来了，而且越下越大，就像瀑布似的。而且还打起了雷，一个接着一个。刘勤的身上已经湿透了。当他跑到自家的地里，看到弟弟正坐在田边的一棵大树下。他赶紧把伞交给弟弟，可发现弟弟竟没了生气。这下可把他吓坏了。

夏天的雨总是来得快，去得也快。不一会，雨又停了。这时有村民从他们身边过，看到哥哥抱着弟弟哭，就认为是哥哥杀了弟弟，并马上回村告诉了村里人。村里的人很快向这边围拢来。王娟和她的父母跑在最前面。看到眼见的一幕，所有的人都傻了。

有人就说是哥哥没有娶到王娟，一直怀恨在心，所以就杀死了弟弟。到了这个时候，哥哥有嘴也说不清了。村民都要求把刘勤送到官府去。

县令查看了刘奋的尸体，联想到今天的天气，很快就断定凶手不是刘勤。

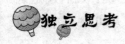独立思考

那凶手到底是谁呢？

就是雷电。雷雨天的时候，千万不要在大树下躲雨或是站在高处，这样很容易遭到雷击。

喜欢收藏鞋的女明星

有一个女明星向警察局报案：说她家遭盗窃了。警察一面让她保护现场，一面派人赶紧前去。警察来到女明星家后，发现家中并没有他们想象的乱。女明星告诉警察，她有收藏鞋子的习惯。她的一个鞋架上摆有 5 双绿色的鞋，5 双红色的鞋和 5 双黄色的鞋。每一层放一种颜色的鞋。虽然现在依然是每层放着一种颜色的鞋，但是放的层与原来的不对。可见是窃贼把鞋架碰倒后又重新摆好，只是忘了哪种颜色放哪层了。女明星告诉警察她丢的最贵重的东西就一颗价值昂贵的大钻石。

警察很快抓住了两个嫌疑犯。但是他们都不承认偷了女明星的钻石。于是警察把他们带到女明星家，让他俩看了女明星的鞋架后，把鞋架弄倒，然后对他俩说："如果你们谁能把鞋摆得和之前一样，我就放了你们。"

结果，其中的高个子疑犯很快就摆得和之前一样，矮个子疑犯却摆得有些乱，尤其绿色的鞋和红色的鞋没摆到同一层中。

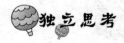独立思考

你知道他俩谁才是真正偷钻石的人吗？

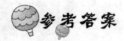

参考答案

高个子。因为矮个子很明显是个色盲，所以那天他也不可能把一样颜色的鞋摆在同一层。

判马的警察

有个农夫家的马被人偷了。他怀疑是河对岸的老王干的。于是他悄悄地去老王家看了看，果然发现他的马正在王家的马圈里。农夫刚想冲到老王家里要回那匹马，一想，老王肯定不会承认。于是就报了警。

警察来了后，问老王："那匹黑色的马是你家的吗？"

"当然是了。你看，我家还有一匹黑马。这两匹马是我一起买回来的，都很多年了。"老王说。

"你胡说，明明是从我家偷来的！"农夫大声说道。

"笑话。难道你家丢了马就怀疑我偷的吗？再说了，凭什么说那是你家的马呀。"

"你——"农夫一时没了话。因为这匹马也是他刚刚买来的，他还不了解这匹马的脾气呢。

警察走过去，绕着那匹黑马转了一圈，然后用手捂住马的屁股问了老王一句话，结果老王不得不承认了。

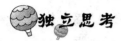
独立思考

你能猜出警察问的什么话吗？

参考答案

警察问："既然你一口咬定马是你家的，而且很多年了，那么你一定知道马屁股上的伤在哪边吧？"老王说在左边屁股上，警察放开左手，没有。老王又说在右边屁股上，警察放开右手，还是没有。其实马的屁股上根本就没有伤。所以，老王只好承认了。

神秘的录音

一座居民楼里发生了一起凶杀案，死者是一个已婚妇女。警察接到报案后，很快赶到现场。法医检查了尸体后说："死者是被一把刀刺中心脏而死。死亡时间大约在 4 小时前。"

警长发现离死者不远的桌上有一个录音机，打开后传出来的似乎是死者生前的声音："是我老公想杀我，他一直都想杀我，因为他想独吞我家的遗产。我看到他进来了，他手里拿着一把刀。他现在不知道我在录音，我要关录音机了。我马上就要被他杀死了。咔嚓。"录音到此中止。

有警员说："这一定是死者生前想留下的证据。"

"那还等什么，我们赶快去抓她丈夫啊。"

"等等，"警长说，"凶手一定另有其人。"

独立思考

警长为什么这么判断呢？

参考答案

如果死者真想用录音留下证据，就不可能只录这一点，也没有必要说"他现在不知道我在录音，我要关录音机了"，所以这段录音一定是凶手事先伪造的，想嫁祸于她的老公。

孩子是谁的

有个老员外，他有两个儿子。两个儿子都已娶妻分家。老大结婚早，生有一个女孩。兄弟俩的爸爸家里资产不少。这笔遗产终究要有人继承。于是，老员外对兄弟俩说："如果你们谁家先生了男孩，家产就归谁。"老大和媳妇商量再生一个孩子。恰好兄弟两人的老婆同时怀孕了，而且又同一天分娩，且都是男孩。但是，其中一个孩子不久就死了。为了争夺家产，两个儿媳妇都说死去的那个孩子不是自己生的，活着的孩子才是自己的。事情闹到了老员外那里。老员外说："既然你们都认为这个孩子是你们生的，那就把孩子放我这，看他的母亲能不能把他抱走。"说完，老员外叫人搬来一个摇篮，他亲自把孩子放在摇篮里，然后对两个儿媳妇说："你俩现在一人抓孩子的一只胳膊，如果你们谁能把孩子拉到自己的怀里，我就判定孩子是谁的。"老员外的话音刚落，两个儿媳妇就撕扯起来。孩子很快因为疼哭叫起来。二儿媳妇一松手，大儿媳妇便抢到了孩子。

老员外明白地点了点头。

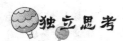

独立思考

你知道这个孩子究竟是谁的吗？

揭开因果连环计

参考答案

二儿子的。只有自己的孩子才会心疼。二儿媳妇听到孩子哭，不忍心再扯，所以才放了手。

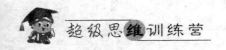

醉汉和歹徒

一个寒冷的冬夜，一个醉汉正跟跟跄跄地往家走。突然，迎面来了一个歹徒。歹徒拿着匕首，让醉汉把钱掏出来。情急之下，醉汉将手里提着的一块豆腐向歹徒的脑袋上狠狠砸去。只听歹徒啊的一声，倒在地上。醉汉也顾不得，向家跑去。

第二天，人们发现地上有一具尸体，便报了警。警察很快就找到了醉汉，问他是不是杀了人。此时醉汉已经清醒，他说："我只记得有人要抢我钱。我就趁他不备，把手里的豆腐砸向他的脑袋。之后，我就不知道了。"

"胡说！怎么可能用豆腐砸死人呢！"其中一个警察说。

"什么？他死了？但是我确实没说谎啊。"

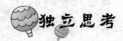独立思考

你能帮助醉汉解释一下吗？

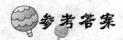参考答案

由于天冷，豆腐早已被冻得和冰块一般硬了。

摔坏的珍宝

有一家当铺，生意很兴隆。一天，一个穿着破旧的人来到当铺，找到老板说："我这是一块祖传的宝玉。因为我要急于给病重的老母亲看

病，所以我想以 100 两银子当给你。一个月后，我愿拿 150 两银子把它赎回。"老板觉得这个人是个孝子，而且一个月就可以赚 50 两银子，所以他同意了，并立下了字据。

这天，当铺的老板家中来客，老板就说起了这事，并把宝玉拿出来给大家看。结果其中一个朋友看了很久后说是假的。大家一惊，于是又都仔细鉴别，结果一致认为果然是假的。当铺的老板痛心不已，心想那个骗子肯定是不会来赎了。但大家还是劝他赶紧报官。张捕头了解了情况后，对当铺的老板说："你们当铺是不是有个规矩：如果当铺把客户的东西毁坏了，在客户赎回的时候是不是要加倍赔偿?"老板忙说："是啊，是啊。所以我们对待客户的东西都非常小心。可是，我本是同情他，没想到他竟是一个骗子。"张捕头说："不打紧。只要你愿意按照我的计谋去做，那个骗子也许还会回来。到时我埋伏人手，抓他个正着。"老板怀疑地看着张捕头。但是为了能挽回损失，他只好试一试了。结果那个骗子果然又回到当铺，被张捕头抓住了。

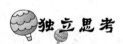**独立思考**

你能猜到张捕头的计谋吗?

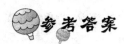**参考答案**

老板派人贴了很多寻找宝玉主人的告示。告示中说：那块宝玉不慎摔碎，愿意加倍赔偿。请宝玉主人速来领取赔偿金。那个骗子信以为真，觉得这次又可以得很多钱，就来当铺索要赔款了。

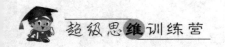

一起凶杀案

一天早上，探长杰克被一阵急促的电话铃声吵醒了。迷迷糊糊的他抓起电话有气无力地问道："谁呀？——什么？怎么会这样惨无人道！好，我马上到。"虽然杰克很疲惫，但只要一接到案子，立马就有了精神。他迅速地爬起来，10分钟后就出发了。

半个小时后，杰克和搭档菲利普同时赶到了局长办公室。局长告诉他们："动物园为了迎接2011年世界环境日，从非洲购买了几只珍贵的鸵鸟，打算到时候供游人观赏。可今天早晨，动物园的饲养员去给鸵鸟喂食时却发现几只鸵鸟全被杀死了。凶手不但杀死了它们，还残忍地把它们的肚子剖开了。如果公众知道这件事，本来要让他们观赏的鸵鸟还没被观赏就被杀死了，肯定会让他们笑话的。所以，杰克，我命令你和你的搭档一定要在最短的时间内找出凶手。去吧。"

"是！"杰克领命后，立刻赶到动物园案发现场。

关鸵鸟的笼子已经被动物园保护起来。里面躺着几只死鸵鸟，满地血迹，每只鸵鸟的肠子都裸露在外。

搭档菲利普说："真是个心理变态的家伙。为了不让人们在环境日看到鸵鸟就对鸵鸟下此毒手。该不会是动物园里的员工为了抗议动物园干的吧？"

"不会，菲利普。这肯定是一起蓄谋案。凶手为了不让鸵鸟叫出声，先是割断了它们的喉咙。可是为什么还要破开它们的肚子呢？显然，凶手并不只是让它们死，一定是鸵鸟的肚子对凶手更重要。"说着，杰克又到鸵鸟的肚子前仔细查看。

他发现在鸵鸟被切开的肚子旁有一些小石子，很快又注意到鸵鸟的嗉囊都在体外，而且被割开了。难道凶手的重点就是鸵鸟的嗉囊？杰克想。此时，探长的心中已有七分把握了。他和搭档很快又返回警察局翻看起近一段时间的钻石走私案。

菲利普很不解：抓凶手就是抓凶手，干吗又去查钻石走私案？杰克命令他要密切监视地下钻石交易市场，近期肯定有一起大的交易，如果一有情报就马上向他汇报。

果然不久，一个叫汉斯的人进入了菲利普的视线，他正在找钻石的买家。于是，杰克布置好人手，在汉斯交易钻石的时候把他抓住了。

经审讯，汉斯交代了杀死鸵鸟的犯罪事实。

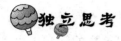 **独立思考**

你知道他为什么要杀死鸵鸟吗？

 **参考答案**

鸵鸟有一个嗉囊，是用来帮助消化的。鸵鸟喜欢吃小石砾、柴枝及发光物体等之类的硬东西。这些硬东西会留在砂囊中，而不会排出体外。汉斯正是利用了鸵鸟的这一特点，让鸵鸟吃了钻石，从而顺利地通过了海关的检查，达到他走私钻石的目的。一旦得手后，他自然要杀死鸵鸟，取出钻石喽。

皇冠的真假

公元前245年，古希腊的赫农王为了要庆祝即将到来的月亮节，他把一块金子交给一个金匠，让他打造一个纯金的皇冠。金匠领旨后，不敢怠慢，召集他的所有弟子，加班加点，终于如约在月亮节以前把皇冠

做好，交给赫农王。赫农王命人称了一下，和之前交给金匠的金子一样重，于是给了金匠工钱，让他走了。

金匠走后，赫农王对大臣们说："虽然一样重，但我还是有点不放心。你们谁能帮我想个办法验证一下这个皇冠到底是不是纯金的？"过了很久，也没有大臣回答。于是，赫农王命人把阿基米德叫来，并对他说："再过 3 天就是月亮节了。前些日子我把一块金子交给一个金匠，让他给我做一个纯金的皇冠。虽然他做好了，而且和原来的金子一样重，但我还是怀疑他掺了假。我要你在月亮节前验证出皇冠的真假。如果掺了假，我就杀了那个金匠。如果你到月亮节还没想出好的办法，我就杀了你。"

虽然阿基米德是当时很有名的哲学家、数学家，可这样的问题，也让他很为难。一连两天，不吃不喝，也没有想出好的办法来。明天就是月亮节了，如果今天还想不出好的办法来，他就要被杀了。他的老婆让他去洗个澡，他也没有心思去。老婆说："就算是死，你也得干干净净的啊。如果你要是真被杀了，我也陪你一道死。"说完，硬拉着阿基米德到澡盆里。老婆给他准备了满满一盆水。他刚跨进盆里，水就溢出来了。随着他的身体全部泡在水里，溢出的水更多了。他坐在盆里，想着明天赫农王会怎么把他处死，突然觉得水里有一种什么力在托着他似的。他看着满盆的水，想了想，自己站了起来，这时，盆中的水位就下降了。等他把身体全部淹没到水里，盆里的水位又和盆沿一样齐了。他赶紧喊他的老婆找来一根木头。他把木头放到盆里，盆里的水又溢出一点。接着他把木头按到水里，这样水又流出来一些以后就不再往外溢了。他大叫道："我有办法了！我有办法了！"衣服也顾不上穿，跳出澡盆，向王宫跑去。

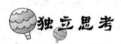

独立思考

你知道阿基米德是怎么鉴别皇冠真假的吗？

参考答案

他将一个容器装满水，把皇冠放入水中，然后称得溢出水的重量。再让赫农王准备一些和皇冠一样重的纯金子，放入装满水的容器中，再称得溢出水的重量。发现第二次溢出水的重量要比第一次溢出水的重量要轻。说明皇冠中肯定掺杂了其他比金子密度小的金属。所以，自然阿基米德就得救了，而那个掺假的金匠就被杀了。因为这件事，便有了后来著名的阿基米德定律。

铜钱到底是谁的

有一个人叫张大胖，从小和父亲学做生意。父亲老了以后，张大胖就接了父亲的班，在集市上卖猪肉。因为他为人和气，不斤斤计较，所以很多人都愿意去他那儿买肉。

集市的边上，住着一户老财主。虽然家财万贯，但是非常吝啬，为人斤斤计较，还爱占小便宜。每天都会去集市上溜达。

这一天，老财主又到集市上去溜达。看到张大胖的肉案前有好几个人正围着要买肉，心想：张大胖虽然没有我钱多，但他每一天也不少挣钱啊。又想起自己家的肉昨日也吃完了，于是也围上去想买 2 斤排骨。

老财主正看着案上的排骨，想着要买哪一块，突然眼睛一转，看到肉案下有一吊钱。他看了一下张大胖正忙着给人称肉，再看看左右，觉

右侧竖排文字：揭开因果连环计

得没有人注意，就蹲下身子钻到肉案下捡。恰好被后面一个要来买肉的人看见了，就喊道："张大胖，你的钱掉了，老财主正捡呢。"众人一听，都将视线转向老财主。老财主不慌不忙地从肉案下钻出来，说："你嚷什么？凭什么就说是张大胖的钱？我来买排骨，掏钱的时候把钱掉到他肉案下了。你若再胡说，我就到官府告你。"那人一听，吓得也不敢说话了。

张大胖打开抽屉，发现抽屉竟然破了。早上带的五吊钱是要做零钱找给顾客的，刚才他已经拆了一吊钱，现在抽屉里除了卖肉得来的散钱，就剩三吊钱了。于是用刀指着老财主说："那是我的钱，你还给我。"老财主看见张大胖手里的刀也有些害怕，但他还是说："我明明想买你的肉，掏钱的时候掉出来的，凭什么说是你的钱？要不然咱们就去官府让官府老爷判一判。""你——"现在生意正好的时候，可为了

讨个公道，张大胖咬咬牙，和老财主去了官府。

官老爷听了他们的诉说，又看看那一吊钱，心中已经有了几分底。为了让两人都心服口服，他命令在衙门外支起一口锅，放上清水，点上火烧起来。很多人跑来围观。

你知道官老爷要干什么吗？

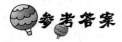

他把钱放在水里煮。不一会儿，水面上就漂起了一层油花。因为张大胖是个卖猪肉的，所以他的钱上肯定沾有很多油。老财主的钱上自然不会有很多油。官老爷当众把钱判给了张大胖。众人见了，都拍手称快。

被偷的小偷

大皮是个小偷。这天，他又蹭上一辆人特别多的公交车，准备伺机行窃。他先是偷了一位漂亮小姐的钱包，后来又偷了一个中年男子和一个打扮时尚的小伙子的钱包。之后，他便高高兴兴地下车了。他走到一个无人的地方，兴奋地打开他偷来的 3 个钱包，看看他今天的"收获"。数了一下，总共 400 来块钱。他丢掉偷来的钱包，准备把钱装到自己的钱包里，突然发现自己的钱包竟然也不见了。大皮后悔不已。因为他的钱包里可装有 1 000 块钱呢。

揭开因果连环计

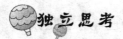独立思考

如果大皮的钱包是被那 3 个人偷走的，那么窃贼极有可能是哪个呢？

参考答案

漂亮的小姐。如果中年男子或小伙子是小偷，那就不可能只偷大皮的一个钱包了。

金 佛

古时候，有个穷苦人在山上砍柴的时候，捡到了一尊佛像，而且还是金的。恰好被一个财主的家丁看到，家丁就悄悄告诉了财主。财主一听，就想占为己有，于是带了几个家丁去那个穷人家抢金佛。穷人说是他捡的，可财主硬说是他家丢的。穷人见财主人多势众，于是抱着金佛去衙门让县老爷定夺。

县老爷听了，一时也不知如何是好。而且，财主一个劲儿地说："佛像就是他家的。一个穷人，怎么可能买得起金佛。分明就是从我家偷的。"而且，财主的家丁们都说主人家有一尊金佛不见了，肯定是被人偷了。

正在县太爷犹豫不决的时候，他突然看到门口有几个小孩拿着泥巴也在看热闹，于是让人去弄点泥巴来，很快就判定了此案。

独立思考

你想得出是怎么回事吗？

参考答案

把财主和他的家丁分开，让他们用泥巴各捏一个金佛的样子。如果一样，说明是真的。但是，他们都没看清楚金佛的样子，所以，他们是捏不出来的，即使捏成，也不会一样。

因而，县太爷断定根本就是财主撒谎。

狗是谁家的

星期天，平平和妈妈正在家里看电视，突然有人闯进他家叫道："你们家的狗刚才把我咬了！该死的狗！你们说怎么办吧？"

平平的妈妈认出来，那是住在他们家楼上的一位阔太太，迅速站起来，看到自己家的狗确实不在家里，心中一惊，连忙向阔太太赔礼道歉。阔太太更是得理不饶人，硬要拉着平平的妈妈去医院。

平平打量了一下阔太太，问道："你确定是我们家的小狗咬的吗？"

"对啊！就在我刚才要上楼的时候，被你们家狗咬的啊。怎么，你们还想抵赖啊？"说着，阔太太将她的白裙子撩起来。

的确，她左腿的膝盖处有伤，还流着血。

平平看了，更坚定了他的判断。"你说谎！那绝对不是我们家的狗咬的。"同时，平平说出了原因。最后，阔太太灰溜溜地走了。

超级思维训练营

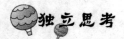独立思考

平平是怎么推断出的呢?

参考答案

平平发现,阔太太的裙子并没有破。而且平平家的狗很小,根本不可能咬到她的膝盖。

误伤的人

艾玛的爸爸是个警察。受爸爸的影响,艾玛从小就爱听侦探故事。长大以后,她居然自己开始创作侦探小说,而且还相当受读者欢迎。

这天晚上,她又在家里构思小说:"门开了,屋里伸手不见五指。突然,他感到有一只大手拍了一下他的右肩……"艾玛抬起头,竟然发现窗外有一个黑影,似乎正盯着她。她的心不由得怦怦乱跳起来。她感到黑影离她越来越近。艾玛屏住呼吸,拿起桌子上的一把水果刀朝黑影狠狠扔去。只听"啊——扑通——"黑影倒下后就没了动静。过了一会儿,艾玛拿着手电壮着胆子去屋外看了看,一个穿着制服的人倒在地上,胸口插着把刀,头边一摊血,还在汩汩地流,头下的一块石头已经被血染红了。她把手指放在那人的鼻孔处,已经没了气息。艾玛更加害怕了。她知道自己闯了大祸,也知道自己逃不掉的。但是出于本能,她还是拔走了她的水果刀,想和警察躲个猫猫。

艾玛很快跑到家里,简单收拾了一下,拉下了电闸,悄悄地连夜去了外婆家。可是第二天,她就接到了史密斯探长的电话,要她马上回

家。当她到家时，探长已经在那等候多时了。探长向她说了昨晚的凶杀案件，并问她昨晚在哪。艾玛想了想说："探长先生，我家里的电路坏了，电脑不能用，所以这3天里，我一直住在外婆家里呢。"斯密斯探长点点头说："你的父亲以前是我的上司。我也是看着你长大的。我知道你是不会干违法的事的。说实话，从接到这个案子，我就一直忙到现在，都渴坏了。你这有冰汽水吗？"艾玛一听，稍稍松了点气。她走到冰箱前，拿了一瓶汽水给探长。探长打开，喝了一口，便掏出手铐将艾玛铐上了，并说："你的汽水很解渴。但是，我必须把你带回警局。"

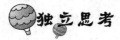

独立思考

究竟艾玛露出了什么马脚让史密斯探长断定她在撒谎呢？

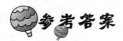

参考答案

史密斯探长喝到的汽水还很冰。如果真像艾玛所说家里停了3天电，那么冰箱里的汽水是不可能还那么冰的。

名画的真与假

平川太郎是日本的一位大富翁。他还有个爱好，就是喜欢搜集收藏名画。几十年来，他已收藏了上百幅名画。在他退休以后，他还特地把他的一间屋子装修了一下，作为自己的"美术馆"，把多年收藏的名画展览在里面。为了安全，他还专门雇佣了一个保安。

平川太郎走进他的"美术馆"，看着他多年收集的名画，心中无比喜悦。有时候，他也会请他的好朋友来家欣赏他的画。他有个习惯：如

揭开因果连环计

果有人发现他的画是假的，他会毫不犹豫地将假画扔了。

　　然而，好景不长。这天，他收到了一封信，信上说："亲爱的平川太郎先生：我真羡慕你有那么多名画。虽然我是一个大盗，但也是比较喜欢艺术的。其中毕加索的一幅画是我多年想要的，我已经将它用假画换了。就让我替你永久地收藏吧。"

　　平川太郎看完信，简直就像被五雷轰顶。那可是他最珍爱的一幅画啊。他奔向自己的"美术馆"，拨开在门外站岗的保安，冲到那幅画面前。没错，画确实已经被人用假画换过了。他心痛不已，摘下画，将它扔掉地上。他叫来保安，斥责半天。可是他也明白，再斥责也不可能让真画自己飞回来的。他让保安把画扔到垃圾筒里去。这时，他才想起来报案。

　　探长石井大夫和平川太郎是多年的好朋友。当他得知后，便亲自来了。他仔细查看了现场，并看了那封信。最后，他对好友说："现在你的真画可能真的被偷走了。不过我已经知道是谁干得了。"

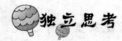独立思考

　　探长的话究竟是什么意思呢？盗画者究竟是谁呢？

参考答案

　　那名保安就是盗画者。当他知道平川太郎的习惯后，故意准备了一张假画贴到真画上，还写了一封信。平川太郎一看到是假画，就认为真画被人偷走了，于是让保安把假画扔了。这正好合了保安的意。保安利用扔画的机会，把真画从假画后抽出来偷走了。

警察抓小偷

维克多警官出差要办一起案件。早晨，他在旅馆里醒来，洗漱完毕，打电话请服务员给他送一份晨报和一杯咖啡来。

10 分钟后，有人来敲门。维克多开了门，一位服务员站在门口："早上好，先生。这是您的早餐。"维克多说："我要的是一杯咖啡和一份早报。你大概是弄错了吧？这是 207 房间。"服务员看了一下门牌，说："对不起先生，打扰了。我要送的是 307 号。"说完就关上门走了。

过了一会儿，又响起了敲门声。维克多想：这回应该是我的咖啡了吧。他说了句"请进！"门推开了。维克多看到的是一个穿着红色 T 恤的男子，但他的手里并没有咖啡和报纸。他正感到纳闷，那个男子倒先说话了："喂，你在这儿干什么？"维克多莫名其妙："我就是住在这里的。你是谁？怎么可以在我房间里这样说话？"那名男子也不示弱："什么？你的房间？明明是我住在这间 309 房间的。"维克多这下明白了，原来是这位男子走错房间了。他平心静气地对男子说："看看门牌号。我这是 207 房间，先生。"男子退出去，看了一下门牌，说道："对不起先生，是

我弄错了。"说完，带上门走了。

不一会儿，又有人敲门。维克多打开门，终于看到了他要的晨报和咖啡。他刚从女服务员手中接过来，就听到有人大喊："我的钻石项链丢了！快来抓小偷啊！"

维克多警官一惊。但很快，他放下手中的报纸和咖啡，冲出楼道并叫道："快，抓住他！"

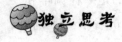

维克多警官要抓的是谁呢？

敲他门的那个穿着红T恤的男子。虽然他说走错门，但很显然是在撒谎。因为进自己的房间是不用敲门的，他有重大嫌疑。

火葬场发生的怪事

城市北郊有一个火葬场。传说里面是很阴森恐怖的。那里的工作人员很少说话，总是阴着脸、弓着身子办事，就像僵尸似的。

有一天，小偷托蒂打电话给他的朋友托马斯，让托马斯开车去他家，并带上他和弟弟一起去北郊的一座山。托马斯以为又来好"生意"了，很爽快地答应了。托马斯很快就偷得了一辆轿车，呼啸着向托蒂家驶去。托蒂见托马斯来了，背上弟弟钻到车里，叫托马斯赶紧开车。

车经过火葬场的时候，突然莫名其妙地坏了，再也走不了了。这时，一辆警车开了过来。于是，3个人下车，躲进了火葬场。没过多久，两名火葬场的工作人员把托蒂的弟弟推进了火葬场的大火炉并烧成了骨灰。而托蒂和托马斯却很高兴。没过一会儿，他们就回家了。

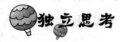独立思考

这究竟是怎么一回事呢？

参考答案

原来托蒂的弟弟已经死亡。托蒂本是想让托马斯把弟弟拉到北郊的山上埋了。但是车开到火葬场却突然坏了。为了躲避警察，他们躲到了火葬场。阴差阳错，他们躲进的是一间即将要火化的停尸间。于是，他们就把托蒂弟弟的尸体和其中的一个掉了个。结果竟然被免费火化了。之后，他们又偷出弟弟的骨灰，回家了。

惊魂的雪原

迪特警官刚刚破获一起大案，局里给他放一个星期的假。他来到一个度假胜地。这里远离城市，而且因为是冬季，满眼都是白色的世界。这儿有一个大型滑雪场，还有很多天然湖泊，可供人滑冰和垂钓。

迪特最喜欢钓鱼。他安顿好之后，便带着自己的钓具去钓鱼了。他找了一个无人的湖泊，凿开一块冰后，开始专心致志地钓起鱼来。天气确实很冷。为了避免凿开的冰面又很快冻上，迪特在冰面上支起了一个小帐篷。就在他为钓上来的第一条鱼而兴奋时，帐篷外传来了呼救声："来人啊！救命啊！有人落水了！快救命啊！"迪特已顾不上他的鱼，迅速钻出帐篷。他看到一个男子正向他这边跑来。迪特跑上前去，问男

子怎么回事。男子说："我和一个朋友在一个湖上滑冰。他越滑越远。我告诉他不要往湖中心去。他却说冰厚，没有关系。可是，他还没到湖中心，就掉了下去。我想跑过去救他，可还没接近他就掉进了冰湖里。我好不容易爬了上来。可怎么叫他，也没有了回音。于是我就跑来找人了。"

迪特看着眼前的这名男子：全身湿透，衣服上的水还在往下滴。"你跑过来大概多长时间？"

"差不多有 20 分钟吧，一路上没有见到一个人。现在可算看见你了，你想办法救救他吧。"

迪特注视着他，说："不用去救了。我想你的朋友已经死了，而杀死他的凶手就是你！"

那人一听，刚想跑。迪特上前一步，把他按倒在地。

独立思考

迪特警官是如何判断的呢？

参考答案

如果真像那名男子所说，跑了 20 多分钟，由于天气寒冷，他身上的水早结成冰了，不可能还往下滴水。一定是他把朋友害死后，扔进了湖里制造假象，而他自己再将身上淋湿。

偷南瓜的贼

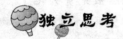

从前有个人，姓王，非常喜欢种南瓜。他种的南瓜又大又甜，附近

的村民没有一个不知道的，人们还亲切地称他为"南瓜王"。每到丰收的时候，他会留一些自家吃，卖一些给同村的人，大部分会拉到 20 里外的一个集市上去卖。

这一年，风调雨顺。加上"南瓜王"的精心照料，南瓜长得格外喜人。"南瓜王"满心欢喜，还给一个个南瓜起了名字。他对这些即将成熟的南瓜爱不释手，恨不得睡觉的时候都抱着它们。

这天傍晚，他和妻子高高兴兴地去地里，准备把几个最大的南瓜摘下来明天一早拉到集市上去卖。当他们来到地里的时候，南瓜王发现少了 10 个南瓜。南瓜没了，可藤上的瓜蒂都完好无损。南瓜王一屁股跌坐在地上："我的孩子啊！是谁偷走了我的孩子啊？"妻子看他这样，一时也没了主意。后来，妻子提醒说："会不会是村里的人偷的啊？""南瓜王"说："不会。这附近只有我能种出这么大的南瓜。如果他们偷吃，肯定害怕被我抓到的。哎，你这一问倒提醒了我，会不会有人偷了去卖呢？"

第二天一早，他就和妻子去了那个集市上想碰碰运气。集市上的人渐渐多了起来。他们从集市东头走到西头，又从西头走到东头。当他们走到第三遍的时候，看到一个人推着一车大南瓜来卖。"南瓜王"一眼就看出那是他的南瓜。于是，他叫妻子盯着，自己去官府报案。不一会，官府派人和"南瓜王"一起来到集市上。"南瓜王"二话没说，指着南瓜对官府的人说："大人，就是这些南瓜！是他偷我的。"

那人正在叫卖南瓜，为眼前的

一幕着实吃了一惊。但他很快就反应过来，说："大人，请您明察啊。这些南瓜都是我种的，怎么成了我偷他的了？"

官府的人也不敢断定，于是对"南瓜王"说："南瓜家家都可以种，凭什么你就一口咬定这是你种的南瓜呢？"

"大人，我能记得我的每个南瓜的样子。我还给它们起了名字。你看，它叫馒头，它叫大牛，它叫大胖……"南瓜王一边说着，一边指着南瓜给大家看。

围观的人听了，不禁发出笑声。"还从来没听说给南瓜起名字的。"

"能叫出名字就是你的？可是你叫它们，它们能答应吗？"

官府大人一听，更没了主见。

"南瓜王"生气极了。他一定要为自己讨个公道。突然，他想到了什么，于是对围观的人说："你们都在这等着。我回家去拿一样东西，一定可以证明这些南瓜都是我的。"

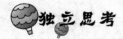 独立思考

你知道南瓜王回家去拿什么了吗？

 参考答案

南瓜王跑回地里，把那10个南瓜的蒂都摘了来。瓜蒂和这些南瓜正好都可以吻合。最后，偷瓜贼只好承认了。

琼斯太太的离奇死亡

一天上午，法布和卡特去看望住在郊区别墅的琼斯太太。平常他们

进去都是要按门铃的，可今天琼斯太太家的门却是虚掩着的。法布和卡特推开门进去，叫了琼斯太太半天，也没人答应。最后在一楼餐厅里发现了琼斯太太。但是，她早已经死了。琼斯太太是在用餐的时候遭到突然袭击的，一柄尖刀贯穿胸口，瞬间夺去了她的生命。凶手随后洗劫了整幢别墅。

法布和卡特立刻报了警。随后，他俩伤心地坐在门前的台阶上，等着警察到来。铁门后，有几份报纸，很显然是送报的每天塞到门下的，可是现在琼斯太太已经无法再看了。同时，另一边，有两瓶牛奶。这显然也是琼斯太太订的，每天都要喝的。可那两瓶牛奶琼斯太太还没拿进屋喝呢。

法布看看牛奶瓶，又数数报纸——一共是七份，有一份还是今天的。他突然对卡特说："我知道谁是杀害琼斯太太的凶手了。"

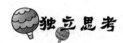独立思考

你知道谁是凶手吗？

参考答案

凶手就是送牛奶的人。因为报纸每天都在送，但是牛奶只送了两天就不送了，显然是送牛奶的杀害了琼斯太太然后逃跑了。

失火的大棚

张大爷种了两大棚蔬菜。这天，冬天的下午，张大爷去大棚里准备摘点黄瓜，给一个饭店送去。当他走到自己的大棚跟前时，不禁被眼前

的一幕惊呆了。原来他的一个大棚已经被烧毁了。他心痛地走到大棚里，其实大棚上的塑料薄膜已经烧没了，棚架下的大部分黄瓜秧也被烧死了，一个个黄瓜也被烤熟了，根本没法再卖了。

究竟是哪个坏蛋干的呢？昨天下了一天雨，今天早上才晴的。张大爷看看大棚四周，并没有其他人的脚印。幸好今天没有风，而且两个大棚离得比较远。张大爷跑进另一个大棚里，还好，里面的黄瓜没有遭殃。他不得不先从这个大棚里摘了些黄瓜给饭店送去。回来后赶紧向村干部报案，一定要查出这个坏蛋。

村干部商量了一下后，就派刚来的大学生"村官"小赵负责调查此事。小赵让张大爷带他去大棚看看。小赵先查看了一下被烧的大棚，又钻到没有被毁的大棚里看了看。虽然是冬天，可大棚里却比外面暖和多了。他问张大爷："张大爷，你的那个大棚里也有很多这样的干草吗？"

张大爷说："是啊，这些干草都是给黄瓜苗保温用的。你该不会想是有人点了干草着的火吧？但是昨天下了雨，田里都是湿的。今天下午来，我也没看到有别人的脚印啊。"

"大爷，这棚里可够暖和的啊。"

"那是。但是再暖和也不可能自己着的火吧。小赵主任，你是大学生，你一定得帮我查查啊。我这一个大棚，损失了好几万块钱呢。"

"是啊张大爷，我看了也心疼啊。"小赵猛抬头，看了一下大棚顶。他看到阳光从薄膜透进来，由于昨天下雨，很多地方还积着水。小赵看着头顶上的积水，又看看棚中的干草，他似乎已经明白了失火的原因。

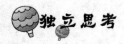

你想到了吗？

由于大棚上的积水，正好形成一个个凸透镜，这样把太阳光聚焦后照到干草上，从而引起了大火。

大盗与名画

一个大盗在成功盗取一家美术馆的一幅名画后，连夜开车逃往外地。第二天，当他觉得已经安全的时候，便停下车，来到一家饭店吃早饭。

这个时候，摩根探长拿着一份晨报也到这家饭店吃早饭，而且正好坐在了大盗的对面。摩根探长几分钟前接到通知，说一家美术馆的名画被盗，盗窃犯又可能逃往此地，上级让他密切关注。摩根探长刚喝了两口牛奶，便开始注视起他对面的那个人。大盗很客气地和探长打了招呼。

过了会儿，探长拿起报纸，突然说："今天的晨报你看了吗，一家美术馆的名画竟然被盗了。"

"这我可不知道，最近我一直忙于赚钱。"那人立刻答道。

摩根探长迅速掏出手铐铐住了那人，并且说："不用撒谎了，你就是那个大盗。"

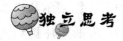

摩根探长是怎么知道那人是大盗的呢？

参考答案

其实晨报上根本还没登出名画被盗的新闻，探长只是想试探一下他。如果不是他干的，他应该回答说没有看过今天的报纸，而不是急于说自己与此事无关。

大毒枭

国际刑警通力合作，终于抓捕到了跨国毒犯的头目巴莱尔。警长亲自审问他："根据我们的调查，上个月的10号左右，你带领一队人在在亚洲的一个戈壁滩上贩运海洛因。你承认吗？"

"亲爱的警长先生，你们弄错了吧。整个4月份，我都在非洲的撒哈拉沙漠边和非洲人做钻石生意，而且做的都是合法的生意。难道做生意也要被抓吗？你们肯定是看错了吧？"巴莱尔镇定地说。

"你有证据证明当时你在非洲吗？"

"这个——喔，对了，我这口袋里正好有几张非洲的朋友给我拍的相片。不信，你们看。"说着，巴莱尔从口袋里掏出几张相片扔给警长。

警长看到，几张相片上显示的拍摄时间确

实都是上个月 4 日的。不过其中一张巴莱尔骑着骆驼照的相片引起警长的高度警觉。警长拿着这张相片对巴莱尔说："你撒谎！你分明是在亚洲！"

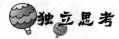独立思考

警长为何如此肯定呢？

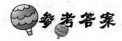参考答案

巴莱尔骑的那只骆驼是只双峰驼，这种骆驼只是亚洲才有。非洲的骆驼都是单峰驼。

巴黎的惨案

19 世纪有一年法国的冬天。在巴黎郊区，一个风雪交加的夜晚，一位年轻的车夫驾着一辆四轮马车正拼命赶路。突然，他看到前方有个人影。但马车太快，他已不可能停下来了。虽然他想方设法避让，但马车还是重重地撞到了那个路人。等车夫停下马车，带上马灯，回头走到路人那里时，发现那个人已经被撞死了。

年轻的车夫一时不知所措。他想就此赶紧离开，可又一想：地下有很深的车轮印，明天一定会有人顺着车轮印很容易找到自己的。于是他将那人弄上马车，把血迹用雪覆盖好。这时他又看到不远处有一只小箱子。打开箱子，发现里面装的是针、听筒、剪刀、小刀还有药品等。车夫想到：这个人一定是个医生。他把箱子捡起来，又看了看四周没有医生的其他东西，便驾着马车飞快地回家了。

回到家里，车夫更加感到不安。虽然天气很冷，但他的后背已经湿透了。家中的火炉还在烧着，他下意识地向炉子里加了些柴，很快，炉中的火又旺了起来。他看着炉中的火光，突然兴奋起来："如果我让他烤一天火，再把他丢到一个没人的地方，即使警察再发现，想必也会把死亡时间弄错的，那就不会怀疑到我了。"于是，他把医生的尸体和药箱搬到家中，放到火炉旁。第二天晚上，他悄悄地将尸体连同药箱抛到了野外，做出了自己摔死的假象。

当尸体被发现的时候，已经是 3 天以后了。而且法医确实把死亡的时间估计错了。但是很快有人反映 4 天前医生去过他家。迪亚探长接手这个案子后，仔细查看了验尸报告和医生的随身物品，最后，他拿着着一支水银体温计说："也许它可以让我们看到事情的真相。"

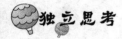独立思考

你知道这是为什么吗？

参考答案

一般水银体温计的刻度范围是 35℃ ~ 42℃。虽然它也是根据热胀冷缩的原理做成的，但是水银体温计有一个特点：为了准确地读出体温而不受周围环境的影响，在体温计的前端，有一个凹型的缩口，主要是为了使体温计遇到低温时里面的水银不会回流；医生在测量病人的体温前，一般要通过甩动体温计使水银流回到水银球中。如果不甩动，那么测量的温度比之前的温度高，读数是准确的；测量的温度比之前的低，读数则是不准确的。迪亚探长看到体温计的水银处在最高刻度，很明显是被人加热过。

谁是左撇子

一个富翁家被盗了。警察抓住了两个犯罪嫌疑人。在审讯的时候，他们都不承认是自己干的。不久，有个警察送来最新发现：根据现场调查分析，作案者肯定是一个左撇子。

负责审讯的李警官觉得这条线索很有价值。他想了想，便叫人准备两杯咖啡和两根香烟。第一个嫌疑人接咖啡的时候用的是左手，接香烟的时候用的也是左手。第二个嫌疑犯接咖啡的时候用的是左手，接香烟的时候用的是右手。

李警官一拍桌子说："我知道谁是盗窃犯了。"

独立思考

他们当中谁是左撇子呢？

参考答案

第二个嫌疑人。左撇子习惯用左手拿打火机点烟，自然就得用右手接烟了。

追击劫匪

两名蒙面人抢劫了一辆运钞车之后，带上赃款，开着一辆红色轿车迅速驶离现场。接到报案后，警方很快封锁了所有的出城道路。但直到快天黑了，也没有人发现那辆红色轿车。一位经验丰富的老警察询问有

没有发现什么异常情况，只有一组警察说刚刚过去了一辆厢式货车。老警察说："劫匪已经出城了，赶紧去追。"

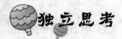

独立思考

劫匪是怎么出城的呢？

参考答案

警察们都注意红色的轿车，而忽略了劫匪将轿车装到厢式货车里蒙混出城了。

审讯犯罪嫌疑人

警察局的两个审讯室里，有两个同一案件的犯罪嫌疑人在分别接受审讯。他们涉嫌在星期六晚上用枪谋杀了托福博士。

犯罪嫌疑人 A 辩解说："上周六晚上我正在散步，忽然听到了一声枪响。我一抬头，看见了一道火光朝一个屋子的窗户射去，然后一个黑影匆忙离去了。所以说你们抓错人了！"

犯罪嫌疑人 B 说："上星期六晚，我应该在遛狗。确实听到了一声响，我还以为是谁在放鞭炮呢。我说完了，快放我回去！

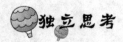

独立思考

是谁在说谎？

犯罪嫌疑人 A 在说谎。因为光速比声速快，他不可能先听到枪声再看到火光。

被偷的冰箱

星期六，警察皮特去农场看望他的弟弟比尔。比尔一见到皮特就抱怨说："昨天我新买的一台电冰箱被人偷走了。"

"真是不幸。那你需要我来帮你抓住那个贼吗？"皮特问。

"不，我已经知道那个贼是谁了。"

"哦，是吗？"皮特有些吃惊。

"但是我怎么也想不出他是怎样把那台电冰箱偷走的。"

"那你把事情的经过和我详细描述一下，我帮你分析分析。"皮特说。

比尔说："昨天上午，我到城里去买了辆新车和一台电冰箱。下午回到农场，我把新车停放在院子里。"

"我看到你那辆新车了，后面有个车厢。当时，冰箱是放在车厢里的吗？"皮特问。

"是的。我为了尽快把一个发病的邻居送去医院，所以一下车就匆匆忙忙地开着我那辆旧车去了。等我从医院回来，看到我的新车还停在院子里，可车上的冰箱却不见了。我敢肯定一定是在隔壁农场做工的怀特干的，他住在离我这里两三千米的村子。昨天我去城里的时候刚好碰见了他，并和他说了我要买车和电冰箱的事。我送邻居去医院的时候，恰好看见他下班。但是，怀特自己没有车。我新买的那台电冰箱很重，

他一个人是搬不了那么远的。"

"难道他不可以开你的新车吗？你的冰箱正好在车上。"

"不可能，我记得很清楚，我从城里回到农场的时候，车子上的里程表显示着我一共开了 52 公里。电视机被偷后，我看到新车上的里程表显示的还是 52 公里。可见，他并没有使用我的新车。"

皮特笑了笑说："如果你敢肯定是怀特偷的，那我就敢肯定，他偷你冰箱时一定是用了你的新车的。"

比尔怀疑地看着哥哥："那是怎么回事呢？"

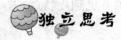

你知道是怎么回事吗？

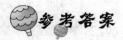

怀特是倒着开车的。因为当车倒着走时，里程表上的数是不会增加也不会减少的。

小偷卖狗

一个小偷偷到了一条金毛犬。他打算卖给宠物店。他看到一家宠物店里只有一位女士，于是牵着狗走了进去。他和女老板客气了一下之后，便说出了他卖狗的想法。他说："我要搬家了，那个新公寓不允许养狗，所以，我不得不忍痛把我心爱的宝贝卖给你了。希望你可以帮它找个好人家。以后有机会，我一定还会去看它的。它一定可以帮你赚个好价钱。它可不是一般的金毛犬，它不仅聪明机灵，而且还是个见义勇为的战士呢！它曾经救过一火车的人呢！"

女老板听了，更加感兴趣了。

小偷继续说："我们家附近有一条铁路，每天都有很多客车通过。一天，我带着我的狗沿着铁路散步，突然看到铁轨上有一块巨石，我想把它移走，可怎么移也移不动。我想，如果火车来了就要出事了。怎么办呢？我对狗说了几句，它立刻会意了，跑回家叼来一块红布。这个时候，刚好有一列火车开过来。我又示意它叼着红布向火车跑去。火车终于在撞到巨石前停下了，这才避免了一场惨剧。可惜现在我不得不把这只聪明的狗卖了。如果你能买下的话，一定可以卖个好价钱的。"

女老板听完，终于说道："先生，您的故事很精彩。但是我敢肯定是你自己编的。所以我不能买你的狗。"

揭开因果连环计

— 147 —

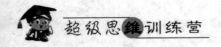

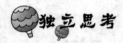独立思考

女老板是怎么知道他在撒谎呢？

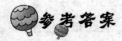参考答案

　　狗类是二元色视者，只能分辨出黑白两种基色，换句话说，狗就是个色盲。它不可能按照主人的意思准确地找到红色的布的。宠物店女老板据此判断小偷在撒谎。